日本普通切手
収集ガイドブック

『さくら』から『普専』へ

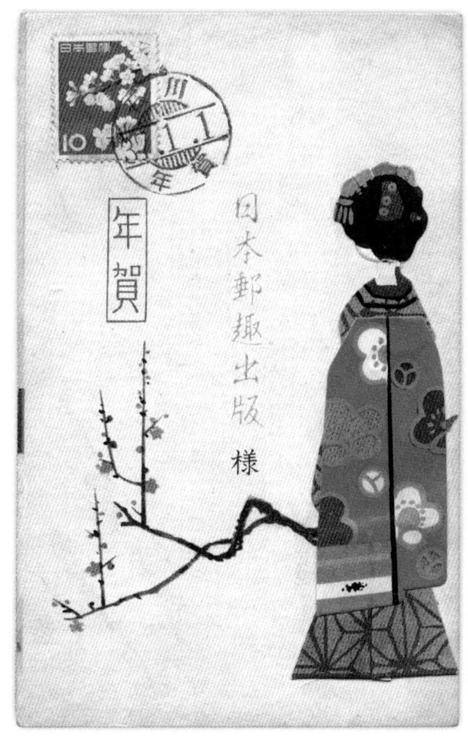

最後の年賀封書（昭和37年・平成3年に復活）

濱谷彰彦

もくじ

戦前編

小判切手

旧小判切手　製造面……目打で集める旧小判切手……10
U小判切手　消印・使用例……「赤二」で集める消印バラエティ……13
新小判切手　製造面・使用面…目打・消印・使用例……17

菊切手　製造面……色調分類と使用済切手で目打分類……21
消印……菊切手は消印が面白い！……24
使用例……郵便史と楽しむ使用例収集……27

田沢型切手

大正白紙　製造面……まず、その分類に習熟しよう……30
消印・使用例……使用期間が極めて短いシリーズ……33
旧大正毛紙　製造面……目打・枠線・銘版・用紙の組み合わせがポイント…37
消印……長期間の使用で消印の種類が豊富……40
使用例……多数貼が収集の幅を広げる……44
新大正毛紙　製造面……旧大正毛紙との違いは印面寸法だけ……47
消印・使用例……消印のバラエティが豊富……50
昭和白紙　製造面……第１次昭和切手のピンチヒッター……54
消印・使用例……第１次昭和切手との混貼使用例も面白い……57

富士鹿切手　製造面・消印……２種の使用済収集がポイント……60

風景切手　製造面・使用例…２銭の版式分類と昭和毛紙10銭に注目！……64

震災切手　製造面……大阪印刷と東京印刷の分類がポイント……68
消印・使用例……使用期間が限定された切手……72

昭和切手

第１次昭和切手
製造面……刷色と印刷版式で分類する……75
製造面……「乃木２銭」バラエティ収集……80
消印・使用例……和文櫛型印で楽しむ使用済……83

第２次昭和切手
製造面……女子工員１銭の多様な楽しみ……87
製造面……戦争の混乱で生じたバラエティ……90
消印・使用例……C欄時刻表示さえ少ない……93

第３次昭和切手
製造面……カタログ価が安く、バラエティが豊富……96
消印・使用例……エンタイアは多数貼、混貼にも着目を……99

高額切手　消印・使用例……電話関係申請書類のために発行……102

『さくら』と『普専』……………………………4　『普専』を使った日本切手収集……………6

戦後編

＊切手は各シリーズの最高額面（産業図案は除く）

新昭和切手

第１次新昭和切手
- 製造面……………………銘版、用紙、すかしの組み合わせ……… 106
- 消印・使用例……………初期使用にこだわらず集める…………… 110

第２次新昭和切手
- 製造面……………………五重塔30銭だけを専門収集する人も … 113
- 使用例・消印……………使用例の中には思わぬ“珍品”が ………… 116

第３次新昭和切手
- 製造面・使用例・消印…種類は少ないが、収集のしがいも……… 119

産業図案切手
- 製造面・消印……………定常変種と消印の変化を楽しむ…………… 122
- 使用例……………………郵便料金と照合しながら使用例を集める 126

昭和すかしなし切手
- 製造面・消印・使用例…製造面や使用例など多方面から集める … 129

動植物国宝図案切手

第１次動植物国宝図案切手
- 製造面……………………“銘版”を使った分類術 ……………………… 133
- 製造面・使用面……………使用済で楽しむポイント……………… 136

第２次動植物国宝図案切手
- 製造面……………………豊富な切手バラエティ……………………… 139
- 消印………………………使用済切手の楽しみ方……………………… 143
- 使用例……………………使用例収集のポイントは外信便………… 146

第３次動植物国宝図案切手
- 製造面……………………目打型式がおもしろい……………………… 149
- 製造面……………………低額３種のさまざまなバラエティ……… 152
- 使用例……………………使用例は根気よく探す……………………… 155

リーフ紹介
- U小判１銭・５銭の外国郵便印…… 16
- 新小判15銭の消印バラエティ …… 20
- 田沢型大正白紙４銭………………… 36
- 田沢型旧大正毛紙８銭……………… 43
- 田沢型新大正毛紙30銭 ……………… 53
- 富士鹿切手旧版８銭………………… 63
- 風景切手昭和毛紙10銭 ……………… 67
- 震災切手大阪印刷２銭……………… 71
- 第１次昭和切手19種の銘版付き … 79
- 第１次昭和切手20銭の消印バラエティ………… 86
- 第１次新昭和切手15銭の定常変種 109
- 産業図案切手５円…………………… 125
- 昭和すかしなし切手500円 ……… 132
- 第２次動植物国宝図案切手75円 142
- 第３次動植物国宝図案切手90円の消印バラエティ……… 158

※原則として切手単片は原寸、エンタイアは原寸の約45%、リーフ紹介は65%で掲載しています。

『さくら』と『普専（ふせん）』

●…代表的な２つの日本切手カタログ

切手収集には、カタログが欠かせません。日本切手の場合、代表的な２つのカタログがあります。ひとつは『さくら日本切手カタログ』（通称『さくら』・毎年春刊行）、もうひとつが『日本普通切手専門カタログ』（通称『普専』・2016～18年刊）です。

『さくら』は多くの方々が使われているカタログで、未使用の日本切手を掲載し、基本的なデータ（発行日・切手名称・印刷版式・発行枚数・評価）が記述されています。

一方、『普専』は日本の普通切手のみ

▶カタログの表紙

さくら日本切手カタログ最新版
さくら日本切手カタログCD版

日本普通切手専門カタログ
VOL.1 戦前編

▶本文より

▶PDF形式のCD版

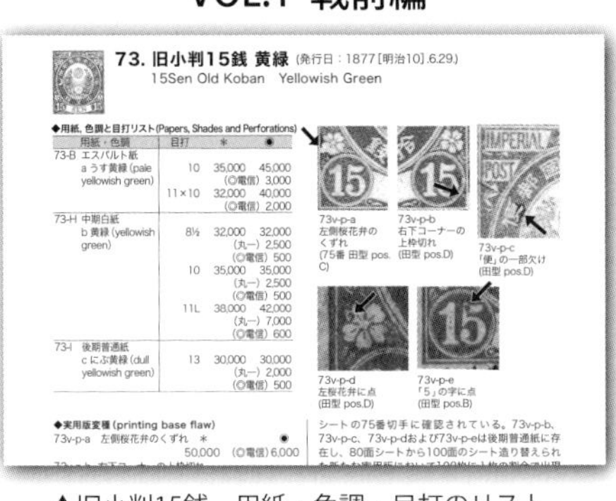

▲旧小判15銭　用紙・色調・目打のリスト、および印面変種の解説。

を扱い、全３分冊で構成されています。VOL. 1は戦前の普通切手を、VOL. 2は戦後の普通切手とはがきなどのステーショナリーを掲載し、用紙・色調・目打などの要素で分類・評価し、切手ごとの印面の特徴(定常変種)を図解しています。

また、VOL. 3は書状などのエンタイアを分類・評価する第１部「郵便史編」と、普通切手とステーショナリーの消印別評価を採録した第２部「郵便印編」とによって構成されています。

…『普専』を収集の旅の伴侶に

本書では収集家の皆さんに、日本切手をより楽しんでいただこうと、『普専』3分冊を収集の旅の伴侶に、その活用法を記していきたいと考えています。

JAPANESE STAMP SPECIALIZED CATALOGUE VOL.2

日本普通切手専門カタログ

日本郵趣協会創立70周年記念

戦後・ステーショナリー編

JSCA

公益財団法人 日本郵趣協会

日本普通切手専門カタログ
VOL.2 戦後・ステーショナリー編

日本普通切手専門カタログ
VOL.3 郵便史・郵便印編

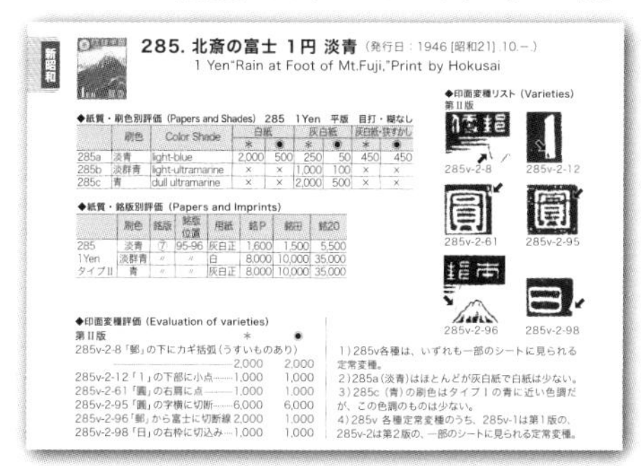

新昭和

285. 北斎の富士 1円 淡青 (発行日：1946［昭和21］10.–)
1 Yen"Rain at Foot of Mt.Fuji,"Print by Hokusai

◆紙質・刷色別評価 (Papers and Shades) 285 1Yen 平版 目打・糊なし

	刷色	Color Shade	白紙		灰白紙		灰白紙・狭すかし	
			＊	●	＊	●	＊	●
285a	淡青	light-blue	2,000	500	250	50	450	450
285b	淡群青	light-ultramarine	×	×	1,000	100	×	×
285c	青	dull ultramarine	×	×	2,000	500	×	×

◆紙質・銘版別評価 (Papers and Imprints)

	刷色	銘版	銘版位置	用紙	銘P	銘田	銘20
285	淡青	⑦	95-96	灰白正	1,600	1,500	5,500
1Yen	淡群青	〃	〃	白	8,000	10,000	35,000
タイプII	青	〃	〃	灰白正	8,000	10,000	35,000

◆印面変種リスト (Varieties)
第II版

285v-2-8 285v-2-12 285v-2-61 285v-2-95 285v-2-96 285v-2-98

◆印面変種評価 (Evaluation of varieties)

第II版	＊	●
285v-2-8「郵」の下にカギ括弧(うすいものあり)	2,000	2,000
285v-2-12「1」の下部に小点	1,000	1,000
285v-2-61「圓」の右肩に点	1,000	1,000
285v-2-95「圓」の字横に切断	6,000	6,000
285v-2-96「郵」から富士に切断線	2,000	1,000
285v-2-98「日」の右枠に切込み	1,000	1,000

1)285v各種は、いずれも一部のシートに見られる定常変種。
2)285a(淡青)はほとんどが灰白紙で白紙は少ない。
3)285c(青)の刷色はタイプIの青に近い色調だが、この色調のものは少ない。
4)285v 各種定常変種のうち、285v-1は第1版の、285v-2は第2版の、一部のシートに見られる定常変種。

▲新昭和切手・北斎の富士１円(淡青)
紙質と刷色／銘版のリストと印面変種の解説。

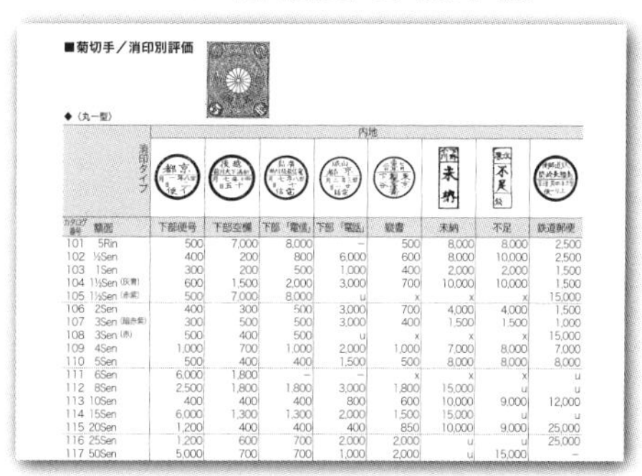

■菊切手／消印別評価

◆〈丸一型〉

	内地							
カタログ番号 額面	下部便号	下部空欄	下部「電信」	下部「電話」	縦書	未納	不足	鉄道郵便
101 5Rin	500	7,000	8,000	–	500	8,000	8,000	2,500
102 ½Sen	400	200	800	6,000	600	8,000	10,000	2,500
103 1Sen	300	200	500	1,000	400	2,000	2,000	1,500
104 1½Sen (灰青)	600	1,500	2,000	3,000	700	10,000	10,000	1,500
105 1½Sen (赤紫)	500	7,000	8,000	u	x	x	x	15,000
106 2Sen	400	300	500	3,000	700	4,000	4,000	1,500
107 3Sen (暗赤紫)	300	500	500	3,000	400	1,500	1,500	1,000
108 3Sen (赤)	500	400	500	u	x	x	x	15,000
109 4Sen	1,000	700	1,000	2,000	1,000	7,000	8,000	7,000
110 5Sen	500	400	400	1,500	500	8,000	8,000	8,000
111 6Sen	6,000	1,800	–	–	x	x	x	u
112 8Sen	2,500	1,800	1,800	3,000	1,800	15,000	u	u
113 10Sen	400	400	400	800	600	10,000	9,000	12,000
114 15Sen	6,000	1,300	1,300	2,000	1,500	15,000	u	u
115 20Sen	1,200	400	400	400	850	10,000	9,000	25,000
116 25Sen	1,200	600	700	2,000	2,000	u	u	25,000
117 50Sen	5,000	700	700	1,000	2,000	u	15,000	–

▲菊切手／消印別評価の一部。

はじめに

『普専』を使った日本切手収集

〈ボストーク〉日本切手アルバムを使って、ゼネラル収集をしている人は多いと思います。しかし、そのアルバムがある程度埋まっていくと、途端に壁にぶつかってしまう方も多いのではないでしょうか。「使っているカタログを『さくら』から『普専(日本普通切手専門カタログ)』にすれば、日本切手収集を長く楽しく続けられる」。そう私は考えています。日本切手のポイントを各分野別に解説し、長く楽しめる日本切手収集のノウハウをご紹介します。

●…カタログ収集は高難度？

〈ボストーク〉日本切手アルバムの収集は、ほぼ『さくら日本切手カタログ(さくら)』にそって、1種1枚ずつアルバムリーフに貼っていく、いわゆる“カタログ収集(ゼネラル収集)”です。この収集方法は、図入りリーフのブランクを埋めてゆく、日本切手収集をもっとも手軽に楽しめるものです。次第に切手の種類が増えていくのは面白く、嬉しいはず。しかし、収集が進めばカタログ価の高い切手ばかり残ってしまい、収集のスピードも鈍くなって、収集意欲が萎えてしまう人も多いのではないでしょうか？

私は日本切手全般の専門収集を始めてから、全国切手展の競争部門へジャンル

■『普専』を使えばコレクションが発展する

〈ボストーク〉日本切手アルバムより、「第2次新昭和切手」のリーフ。

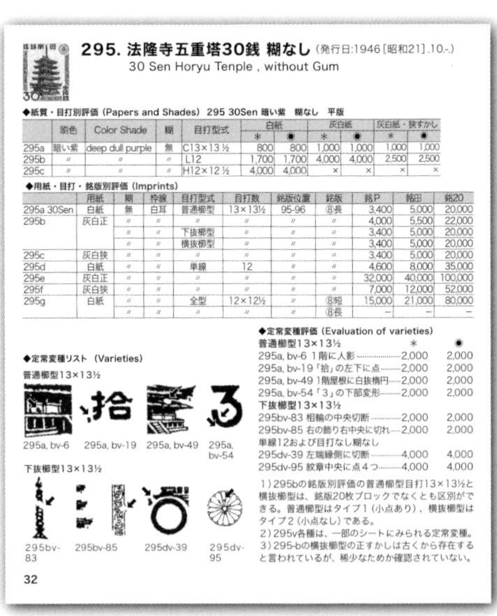
295. 法隆寺五重塔30銭 糊なし (発行日:1946[昭和21].10.-)
30 Sen Horyu Tenple , without Gum

◆紙質・目打別評価 (Papers and Shades) 295 30Sen 暗い紫 糊なし 平版

	刷色	Color Shade	糊	目打型式	白紙 *	白紙 ●	灰白紙 *	灰白紙 ●	灰白紙・狭すかし *	灰白紙・狭すかし ●
295a	暗い紫	deep dull purple	無	C13×13½	800	800	1,000	1,000	1,000	1,000
295b	〃	〃	〃	L12	1,700	1,700	4,000	4,000	2,500	2,500
295c	〃	〃	〃	H12×12½	4,000	4,000	×	×	×	×

◆用紙・目打・銘版別評価 (Imprints)

	用紙	糊	枠線	目打型式	目打数	銘版位置	銘版	銘P	銘田	銘20
295a 30Sen	白紙	無	白耳	普通櫛型	13×13½	95-96	⑧長	3,400	5,000	20,000
295b	灰白正	〃	〃	〃	〃	〃	〃	4,000	5,500	22,000
		〃	〃	下抜櫛型	〃	〃	〃	3,400	5,000	20,000
		〃	〃	横抜櫛型	〃	〃	〃	3,400	5,000	20,000
295c	灰白狭	〃	〃	〃	〃	〃	〃	3,400	5,000	20,000
295d	白紙	〃	〃	単線	12	〃	〃	4,600	8,000	35,000
295e	灰白正	〃	〃	〃	〃	〃	〃	32,000	40,000	100,000
295f	灰白狭	〃	〃	〃	〃	〃	〃	7,000	12,000	52,000
295g	白紙	〃	〃	全型	12×12½	〃	⑧短	15,000	21,000	80,000
		〃	〃	〃	〃	〃	⑧長	–	–	–

◆定常変種リスト (Varieties)

普通櫛型13×13½

295a, bv-6　295a, bv-19　295a, bv-49　295a, bv-54

下抜櫛型13×13½

295bv-83　295bv-85　295dv-39　295dv-95

◆定常変種評価 (Evaluation of varieties)

普通櫛型13×13½	*	●
295a, bv-6 1階に人影	2,000	2,000
295a, bv-19「拾」の左下に点	2,000	2,000
295a, bv-49 1階屋根に白抜楕円	2,000	2,000
295a, bv-54「3」の下部変形	2,000	2,000
下抜櫛型13×13½		
295bv-83 相輪の中央切断	2,000	2,000
295bv-85 右の飾り右中央に切れ	2,000	2,000
単線12および目打なし糊なし		
295dv-39 左端縁側に切断	4,000	4,000
295dv-95 紋章中央に点4つ	4,000	4,000

1)295bの銘版別評価の普通櫛型目打13×13½と横抜櫛型は、銘版20枚ブロックでなくとも区別ができる。普通櫛型はタイプ1(小点あり)、横抜櫛型はタイプ2(小点なし)である。
2)295v各種は、一部のシートにみられる定常変種。
3)295-bの横抜櫛型の正すかしは古くから存在すると言われているが、稀少なためか確認されていない。

32

『普専』の「第2次新昭和30銭糊なし」掲載ページ

別に作品を出品し続けてきました。その一方で、およそ60年かけて日本切手を集めていますが、〈ボストーク〉アルバムをすべて埋めることはできていません。

そもそも、『さくら』に収録されている日本切手を、すべて集めた収集家は、ほとんどいないのではないかと思います。なぜなら、その中には現在確認されている点数が数枚、といわれる切手まであるからです。つまり、日本切手のカタログ・コレクションを完成させるということは、非常に難易度の高い収集なのです。

…『普専』で収集範囲が広がる

私もこれまでに、〈ボストーク〉日本切手アルバムの収集に行き詰まった方を何人も見てきました。行き詰まった原因は、おそらく「収集が進まない」からだと思われます。カタログ価の高い切手ばかり残ったカタログ収集が、面白いはずもありません。そこで私は〈ボストーク〉アルバムの収集に行き詰まった方には、使用するカタログを『さくら』ではなく、『普専（ふせん・日本普通切手専門カタログ）』にすることを勧めています。

『さくら』では原則、メイン・ナンバーが付けられた切手を１種類ずつ掲載しています。例えば菊切手20銭は、未使用と使用済の評価が１つずつ掲載されてい

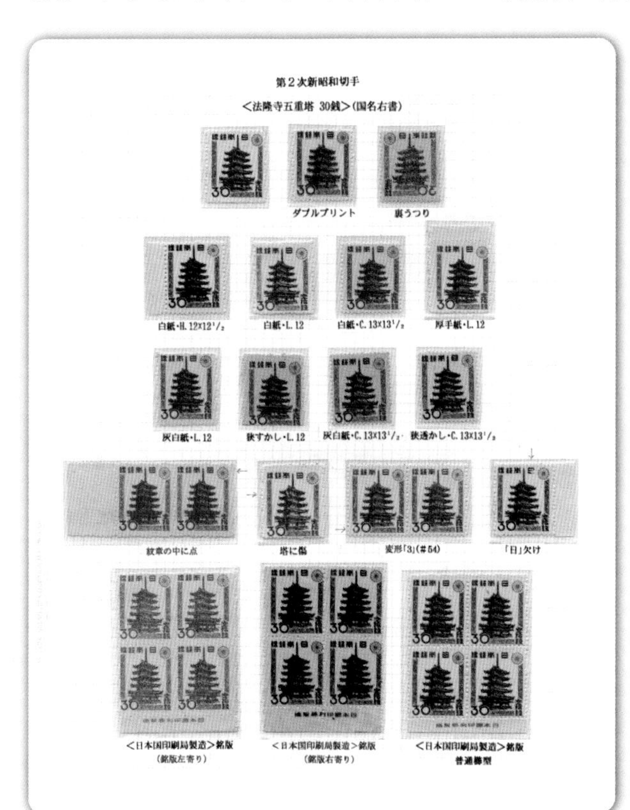

■『普専』掲載のバラエティを中心に整理したリーフ

〈ボストーク〉日本切手アルバムに貼込枠が１つしかない切手でも、『普専』では用紙や目打、定常変種など多くのバラエティを掲載。第２次新昭和30銭糊なし（＃295）であれば、紙質・目打別で３種、用紙・目打・銘版別で９種のバラエティが掲載されている。これらのバラエティを揃え、銘版付ブロックや定常変種などを加えて整理したのが左のリーフ。こうしたリーフを〈ボストーク〉アルバムに加えていけば、切手収集も停滞することなく、末永く楽しめるものになっていきます。

るだけです。しかし、『普専』では菊切手20銭を色調と目打で分類し、それぞれの組み合わせで、合計11種類の切手が掲載されているのです。

その他、『普専』には銘版付やみほん切手の評価、使用済切手の消印別評価、エンタイア評価も載っています。それらバラエティも加えれば、右下のように、菊切手20銭だけでも、収集対象はさらに増えていきます。

●…「あせらずゆっくり」がコツ

このように、『普専』を使って集めるべき切手を増やせば、切手収集は再び楽しくなっていくはずです。本来、切手収集はモノが集まることで楽しみが増し、長続きする趣味だと思います。あとは積極的に切手を入手する努力をしてください。

その入手方法ですが、通信販売を利用するだけではなく、切手商はもちろん、各地の切手即売会や郵趣会などに積極的に出掛けてみてはいかがでしょう。多くのバラエティを集めるなら、直接切手を見て購入するのが一番です。

東京の場合は、何らかの即売会が毎月開かれ、希望する切手を安価で入手する機会も多くなっていますし、地方でも郵趣会などに参加すれば、さまざまな切手を入手することも可能でしょう。また、オークションを利用するのも、ひとつの方法だと思います。

他人のコレクションを一括して購入する方法もありますが、個人的にはあまりお勧めできません。効率よく収集する方法ではあるのですが、すぐに壁にぶつかってしまうでしょう。決して無理をせず、1枚1枚購入し、少しずつ自分のコレクションを充実させていく。それが切手収集の醍醐味であり、何年も先を見越して長続きさせるコツだと思うのです。

本書では日本の普通切手を、各分野（ジャンル）ごとに取り上げながら、その切手の特徴と収集のポイントを紹介していきたいと思います。

■ 菊切手20銭の未使用切手

■ 菊切手20銭使用済の基本目打バラエティ

単線12

単線12½

櫛型12×12½

櫛型13×13½

『さくら日本切手カタログ』に載っている菊切手20銭は未使用1種類。したがって、〈ボストーク〉日本切手アルバムにも貼る場所は1つしかない。しかし、基本目打を揃えると、未使用1種と目打バラエティ4種類の計5種の切手が集められる。菊切手の各額面には4～6種類の目打違いがあり、それを揃えることも菊切手収集の魅力となっている。22ﾍﾟｰｼﾞ参照。

※本書では、単片は原則として原寸で掲載していますので、ご自分で実際に目打を測ってみてください。

戦前編

小判切手から
昭和切手まで

切手は各シリーズの第１種書状用額面と
富士鹿切手・風景切手の外国書状用額面、
および旧高額切手10円。

旧小判切手 ―製造面―

目打で集める旧小判切手

1873年（明治6）4月1日、それまで距離制だった郵便料金は一律料金となりました。これを境に郵便の取扱量は次第に増え、手彫切手では切手の供給が間に合わなくなります。そこで、大量印刷が可能な凸版印刷の技術が導入され、「小判切手」が登場しました。小判切手は3つのシリーズに分類されますが、まずは最初のシリーズ「旧小判切手」から収集のポイントをご紹介します。

…まずは「目打」から

旧小判切手は最初の３種（５厘、１銭黒、２銭オリーブ）が1876年（明治９）５月17日に発行され、1879年（明治12）10月11日までに15額面17種が発行された、わが国最初の凸版印刷切手です。当時の日本は、近代国家というにはほど遠く、切手製造も試行錯誤の段階でした。新たな技術を導入しては、同時に試行を繰り返すといった具合で、その結果、日本の普通切手の中で、最もバラエティに富んだシリーズとなっています。

旧小判切手はカタログ評価が高い切手も多く、日本切手の収集家でも敬遠する人が多いようです。しかし、一歩足を踏み入れると、収集の楽しみを無限に与えてくれ、その魅力に取り付かれてなかなか抜け出せない、それが旧小判切手だと思います。

実際、『普専』を見ると、このシリーズは用紙・色調・目打で分類され、そのバラエティの多さが目をひきます。中には１額面で60種を超すバラエティが掲載されているものまであり、それが収集の敷居を高くしているのかも知れません。

でも、臆することはありません。判別の難しい用紙や色調の分類は敢えて無視し、初心者でも容易に分類ができる、目

■旧小判切手の基本目打

（ ）内は実測値

9 s（9前後）
初期の目打で切りにくく、シザーカットが多い。

10（9～10.2）
初期から中期にかけての最も一般的な目打。

11 s（11前後）
手彫時代からの初期目打。孔が小さいのが特徴。

11（10.5～11）
手彫時代からの目打だが、小判切手では少ない。

打バラエティを楽しんでみてはいかがでしょうか。

用紙や色調の分類については、その基準を理解するまで、ある程度の経験が必要です。しかし、目打はゲージを使えば、誰でも分類可能です。また、目打バラエティを集めることで、多くの切手に触れることになり、用紙や色調の分類方法も、自然と身についていくはずです。

●…旧小判の基本目打は９種

では、旧小判切手の目打の種類はどの位あるのでしょうか？

改めて『普専』を見て数えてみたところ、全部で約40種もありました。もちろん、すべての額面にあるわけではありませんが、『普専』で最も目打バラエティが多い２銭オリーブでは、29種もあります。しかし、旧小判切手の目打は基本的に９s・10・11s・11・12・12½・8½・11L・13の９種しかありません。その他は横と縦の目打が異なる複合目打で、いずれも前述の９種の目打を組み合わせたものです。

それぞれの数字は目打のピッチを表すものですが、小判切手の場合、必ずと言って良いほど、間隔が不整で、ピッチにも誤差があります。例えば後期目打の13目打は、実測値では12.5～14となっています。

●…旧小判目打の特徴を知る

次に、旧小判切手ならではの目打の特徴をご紹介しましょう。

旧小判切手の目打には、数字に続いて、「ｓ」や「Ｌ」といった記号が付いているものがあります。これは目打孔の大きさを表す記号で、「ｓ」は小孔、「Ｌ」は大孔を表しています。

また、旧小判切手の目打はシートごとに縦横それぞれ１回ずつ、人の手によって穿孔していく単線目打です。そのため、耳紙に接した上下左右の目打を、印面から離して穿孔してしまうことがしばしばありました。旧小判切手には、上下左右のマージンいずれか１辺が非常に広いものがありますが、これはそうした理由によるものです。

最近では、旧小判切手の使用済を複数枚組み合わせたオークション・ロットが、安く出品されようになりました。それらは概して消印データが読めないものばか

12（11.5～11.75）
初期の目打。孔の並びが不均一なものが多い。

12½（12.5前後）
低額面に多い初期目打。13目打との違いに要注意。

8½（8～9未満）
中期の大孔目打で、小判切手の目打で最も粗い。

11Ｌ（10.5～11）
中期の目打で、他の11目打より孔が大きいのが特徴。

13（12.5～14）
後期時代に印刷された切手はすべてこの目打。

■目打孔のバラエティ

11s（小孔目打）

11（中孔目打）

11L（大孔目打）

▲旧小判切手の目打11には、目打孔の大きさが異なるバラエティがある。11 s は0.5mm程度の小孔目打、11は0.8～0.9mm程度の中孔目打、11Lは1.1～1.2mm程度の大孔目打を指す。目打10にも孔の大きさが異なるものもあるが、11目打のような小孔、大孔目打ほど顕著なものはない。なお、小孔目打は目打９にも存在する。この目打９にも中孔は存在するが、目打ピッチの誤差の関係で、目打10に分類されている。（図版拡大：各200%）

りですが、目打バラエティは大いに楽しめます。

しかし、旧小判切手の目打バラエティを集めるなら、目打の状態にも気を配ってください。旧小判切手は切り離しにくい目打が多かったようで、目打をはさみで切ったシザーカットや、目打の一部が欠けたものが多いのも事実です。せっかく目打バラエティを集めるのですから、できればシザーカットを避け、目打欠けの少ないコンディションの切手を集めたいものです。

■旧小判切手のみほんから

U小判切手　―消印・使用例―

「赤二」で集める消印バラエティ

1877年（明治10）、日本はUPU（万国郵便連合）に加盟しました。UPUの規定では外国郵便に使用する切手の刷色を共通のものにすることになっていたため、日本の切手も印刷物用の１銭を緑、はがき用の２銭を赤、封書用の５銭を青とする必要があり、刷色変更されたのが「U小判切手」です。このシリーズでは、２銭切手の消印収集を中心に、収集のポイントをご紹介します。

●…「赤二」で楽しむ消印収集

1883年（明治16）１月１日、旧小判切手の刷色を変更した１銭緑、２銭赤、５銭青の３種の切手が発行されました。UPUの規定に沿って刷色を変更したもので、小判切手の収集では「U小判切手」として分類されています。

たった３種のシリーズですが、多くの料金に適応し、大量に使用されたことから、製造面・使用面ともに豊富なバラエティが存在します。そのため、限られた紙面では紹介しきれませんので、ここでは２銭切手の使用面について、紹介しましょう。

U小判２銭はその刷色から「赤二」という愛称で呼ばれています。もともとは外

■U小判2銭にみられる主な郵便印

大型ボタ印(岡山)

二重丸型日付印

丸一型日付印

丸二型日付印

櫛型日付印

欧文小型20ミリ印

欧文中型年号４字印

欧文中型年号２字印

「赤二」にみられる郵便印。国内印は当初、大型ボタ印か二重丸型日付印だったが、1888年（明治21）９月以降は丸一型日付印となる。大量に発行されたため、在庫が残っていたのか、菊切手時代の消印である丸二型日付印と櫛型日付印もみられる。外信はがき用切手であるため、欧文印はさまざまな消印が使用されている。

信私製はがき用に発行されていますが、当時の国内封書料金が２銭で、その料金が1899年（明治32）３月末日まで続いたことから、U小判切手の中でも最も多く製造され、使用済切手も大量に残されていますので、いろいろな集め方が楽しめます。中でも私がお勧めしたいのが、"消印"収集です。

…「赤二」で国内印を揃える

赤二に押された消印は、国内郵便用、外国郵便用、非郵便用に大別できますが、ここでは郵便用に限定して解説したいと思います。

まず国内郵便用ですが、発行当初から使用されていたのが「大型ボタ印」です。この消印は1881年（明治14）から1888年（明治21）まで、全国63局で使用された抹消印で、後述する二重丸印とセットで押印されました。ボタ印は63局それぞれの印影に特徴があって局名を特定できるため、昔から人気があります。使用期間が１年程度しかない稀少な局もありますが、切手上に印影がのるよう、意図的に押印されていましたので、赤二の使用済単片でもある程度の局数が集められます。

また、発行当初から押印されていた消印に「二重丸型日付印（二重丸印）」があります。この消印、表示されているデータ配列にいくつかの違いがあり、記号でその違いを分類します。といっても、その記号は難しくありません。使用する記号はK（国名）、G（郡名）、N（年号）、B（便号）の４つです。NとBはその表記方法の違いから、それぞれ１～３に分類されます。詳細は左の表を参照してください。いずれも二重丸印の外周円内に配列されているデータです。

1888年（明治21）９月１日か

■ 二重丸型日付印の記号とその意味

因子	記号	記号の意味
国名	K	武蔵、摂津、尾張、甲斐、信濃などの旧国名
郡名	G	東京なら多摩、葛飾、足立といった旧郡名
年号	N1	「明治一八」のように「明治」が入った年号
	N2	「一八年」のように「年」が入った年号
	N3	「一八」のように漢数字のみの年号
便名	B1	「午前」「午後」のような漢字の便号
	B2	「い」「ろ」「は」のような平仮名の便号
	B3	「イ」「ロ」「ハ」のような片仮名の便号

■ 二重丸型日付印のバラエティ

KG

KB1

KB2

N3B3

1873年(明治６) ４月から使用が開始された二重丸印は、二重丸の中央円に局名、その外周円に月日といくつかの因子を配している。この因子にはいくつかのタイプがあり、型式分類されている。因子は記号で表記されるが、その意味は上表を参照。

 収集メモ 「赤二」は普通切手の中で最も好きな切手です。刷色（赤）に消印が映え、消印収集が楽しめます。また用紙と目打との組み合わせで37種ものバラエティがあり、大変奥の深い切手です。

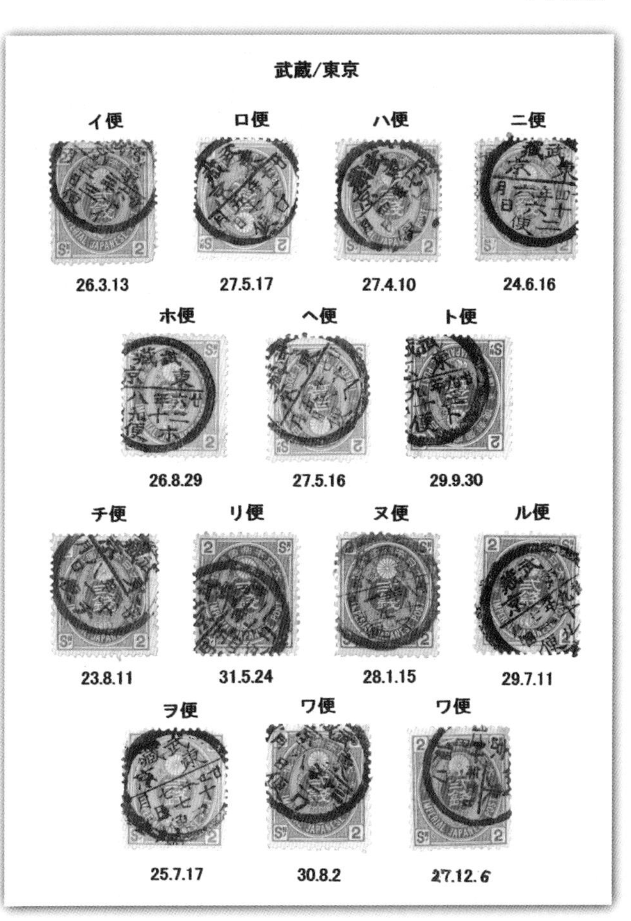

■ **東京局の丸一型日付印便号揃**

東京局は13の便号があり、それぞれ「イ」から「ワ」までの便号が存在する。これを「赤二」で揃えるのも収集の醍醐味のひとつ。いずれも豊富に残されているが、最後のワ便はやや難関。

らは、消印が全国一斉に「丸一型日付印(丸一印)」に変更されました。丸一印は下部に便号を入れることになっていますが、集荷便が1日1便しかない場合は空欄になっています。東京局はイ便からワ便まで13便ありました。この便号を揃える収集も、赤二で楽しむことができます。最後のワ便は少し難しいかもしれませんが、その他の便は豊富に残されています。

●…欧文印収集では使用例も

赤二は外信はがき用だったため、欧文印も豊富です。各種外信用抹消印のほか、小型20ミリ印(1882～1891年)、中型年号4字印(1889～1892年)、二重丸〈MEIJI〉印(1892～1894年)、中型年号2字印(1894～1906年)などが残されていますが、欧文印を楽しむのであれば、赤二よりは5銭青の方がより入手も容易だと思います。

欧文中型年号2字　TOKIO(東京) 1899 .MAR.22

U小判切手の使用面を収集するなら、発行目的である1枚貼使用例は集めたいところです。赤二の収集でいえば、外信私製はがきはぜひとも入手したい使用例だと思います。

小判

リーフ紹介

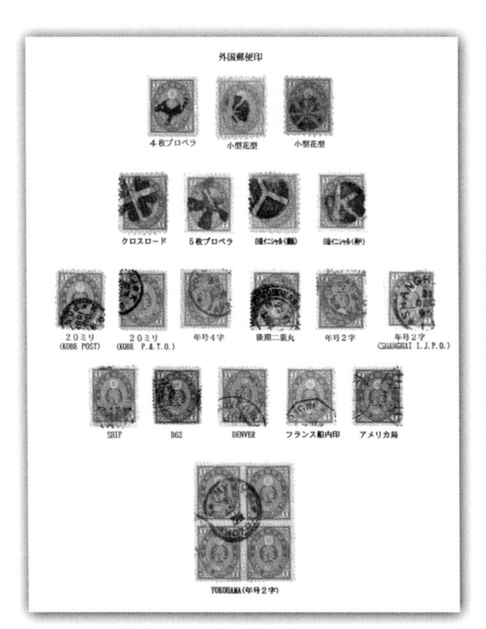

■ U小判切手1銭の外国郵便印

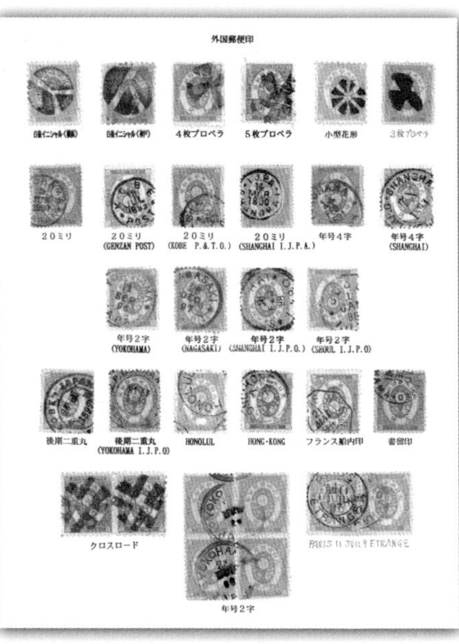

■ U小判切手5銭の外国郵便印

U小判1銭・外信印刷物15gまで。
TIENTSIN(天津)1894.5.3 I.J.P.O. ➡ U.S.A.

U小判5銭・外信書状。IJPA上海局 1888.9.1 差立、横浜局 9.8 中継、米国サンフランシスコ 9.29中継、米国フィラデルフィア 10.6 到着。

U.P.U.の取り決めによって、1銭は緑色で外信印刷物用、5銭は青で外信封書用に発行されました。上のリーフはU小判1銭を外国郵便印でまとめたものです。無声印、白抜イニシャル、20ミリ、年号4字、MEIJI入り、二重丸印、年号2字、外国局、B62印、フランス船内印、SHIP印など外国郵便印が一通り揃っています。

U小判5銭のリーフも外国郵便印をまとめたもので、国内の二重丸印は難関で、カタログ評価も高価ですが、外国郵便印は比較的入手しやすいようです。台切手も薄い青色で消印も読めるものが多く、出来るだけ局名・年号などが分かるものを集めたいものです。

新小判切手　―製造面・使用面―

目打・消印・使用例

新小判切手は10種の切手で構成されます。1888年(明治21)に８種、翌年１種、そして1892年(明治25)に１種が発行されました。新小判切手は、U小判切手と菊切手の間に挟まれ、どちらかというと地味で目立たない存在ですが、目打、消印、使用例と、それなりに楽しめるシリーズです。

…新小判切手の特徴

新小判切手の特徴は、1888年(明治21)に発行された切手の初期使用が、ほとんど存在しないということです。それはなぜかといいますと、旧小判切手が使われていたためと見られています。旧小判切手は、５厘切手以外は1889年(明治22)11月30日に使用停止になりました。従って、新小判切手が使われたのはそれ以降で、発行はされたけれど使用されなかった期間が相当続いた、ということになります。

1888年(明治21)というと、９月１日から全国一斉に丸一型日付印が使われました。それ以前に使っていたボタ印、二重丸印が新小判切手にあってもおかしくはないのですが、その消印がある新小判切手は“大珍品”です。

ただし、外郵ボタ印は明治22年中頃まで使われていたらしく、ときどき見かけます(右)。

新小判25銭の横浜外郵ボタ消し。

…13目打の初期と後期

U小判切手には用紙のバラエティが多くありましたが、新小判切手になってからは洋紙に統一されました。また、目打も12と13の２種類のみです。ただし13目打は初期と後期に分類されます。新小判切手が発行された頃は13目打で、印刷の版が100面でした。それが印刷効率を高めるため、1892年(明治25)から400面になりました。この100面版を初期13、400面版を後期13として分類しています。初期、後期の区別は『普専』では、色調、目打なども詳しく掲載されていますし、使用済ならば、初期、後期は年代によって簡単に分類ができます。

12目打は最初から400面版で発行されましたが、明治25年中の消印はあまり多くはないようです。

目打で面白いのは、この12と13を組み合わせた12×13、13×12の複合(コンパウンド)目打があることです(次ページ下)。これは明治27～29年頃の消印に見られます。決して数多くはありませんが、注意深く探せば見つかると思います。見つ

■ 新小判切手の基本目打　データは目打／消印の年代

5厘

初期13／明治23年　後期13／明治28年　最初期12／明治25年

10銭

初期13／明治22年　後期13／明治27年　12／明治31年

20銭

初期13／明治23年　後期13／明治28年　12／明治33年

25銭

初期13／明治23年　後期13／明治28年　12／明治29年

■ 新小判切手の複合目打と二重丸電信印

左は新小判４銭の12×13、右は10銭の13×12。明治27～29年の消印に見られる。

新小判10銭の京都郵便電信局消し。

けるポイントはコーナーの四隅を見ること。四隅の目打が不揃いならば、可能性が高いといえそうです。

●…新小判の消印と使用例

消印ではU小判切手の後期と菊切手の初期のものが使われ、国内印、欧文印ともバラエティに富んでいます。その中で新小判切手に多い縦書丸一印を取り上げてみます。縦書丸一印は、1885年（明治18）から使われ始めましたが、この時期、特に新小判３銭切手に多く使われました。縦書丸一印には専門書もあるくらい多くの形式があり、３銭だけで１リーフが作れるほどです（次㌻のリーフ参照）。

また、同じ非郵便の「二重丸電信印」も新小判切手に多く見られる消印です。形式が８種類しかなく、年代も分からないため、多少面白味に欠けますが、コレクションには加えたいものです（左）。

使用例では高額切手は別として、１枚貼適正使用があります。５厘は第３種郵便、３銭は封書、４銭は重量便または未納便、８銭は書留便、10銭は外信便、

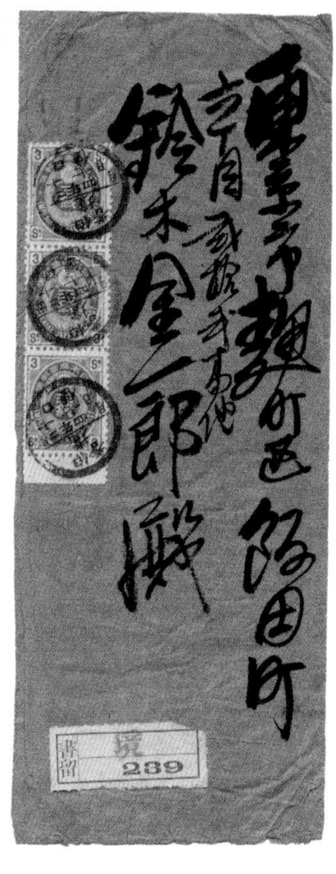

伯耆・境 明治32・4・17。新小判3銭3枚貼で書留書状9銭料金(明治32年4月1日〜33年9月30日)の適応使用例。この時期は既に菊切手3銭が発行されていた。新小判切手の使用例では、外信便も含め、菊切手と重複しているものが多いようだが、それさえも多くは残されていない。

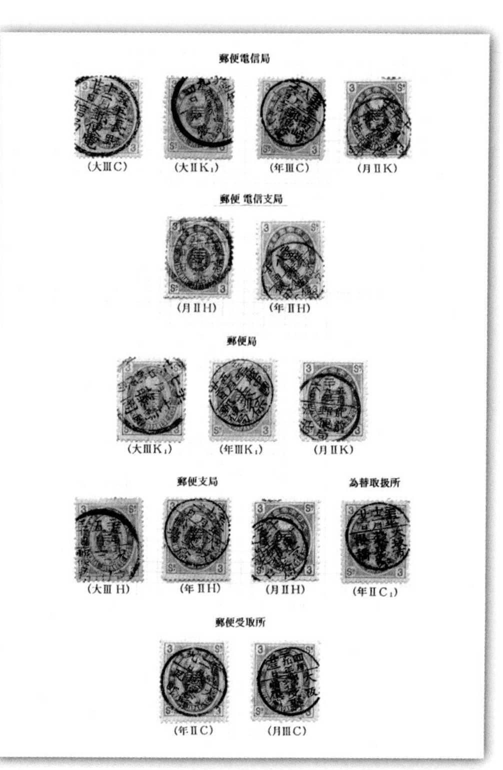

■ 新小判3銭・縦書丸一印のリーフ　為替の基本料金が3銭だったため、この額面に縦書丸一印が多く使われた。

15銭は訴訟書類、20銭は外信・書留便などです。1円は多数貼の電話加入申込書がありますが、25銭、50銭の使用例は非郵便使用でも難しいようです。また、新小判切手は複数貼、多数貼もあまり多くありません。新小判切手は菊切手への“繋ぎ役”を担っていたシリーズだったと思われます。

コ・ラ・ム

■ 新小判切手５厘と旧小判切手５厘の違い

新小判切手は旧小判切手の刷色を変えたものが多いのですが、５厘だけは刷色がほとんど変わりませんでした。カタログでは旧小判が「青味灰」、新小判が「灰」となっていますが、色調だけでは区別がつきません。

新小判の目打は12と13しかありませんので、その他の目打の場合は旧小判ということになります。旧小判でも12目打がありますが、その場合は用紙で区別します。例えばワラが入っていれば旧小判です。消印があればもっと明瞭です。丸一印の場合は、ほとんどが新小判と判断してもいいでしょう。

旧小判５厘・目打10　新小判５厘・目打12

収集メモ 新小判切手は使用例のコレクション作りに苦労します。適応使用、混貼など、どのようなものでも、機会があったら入手されることをおすすめします。

リーフ紹介

■ 新小判切手15銭の消印バラエティ

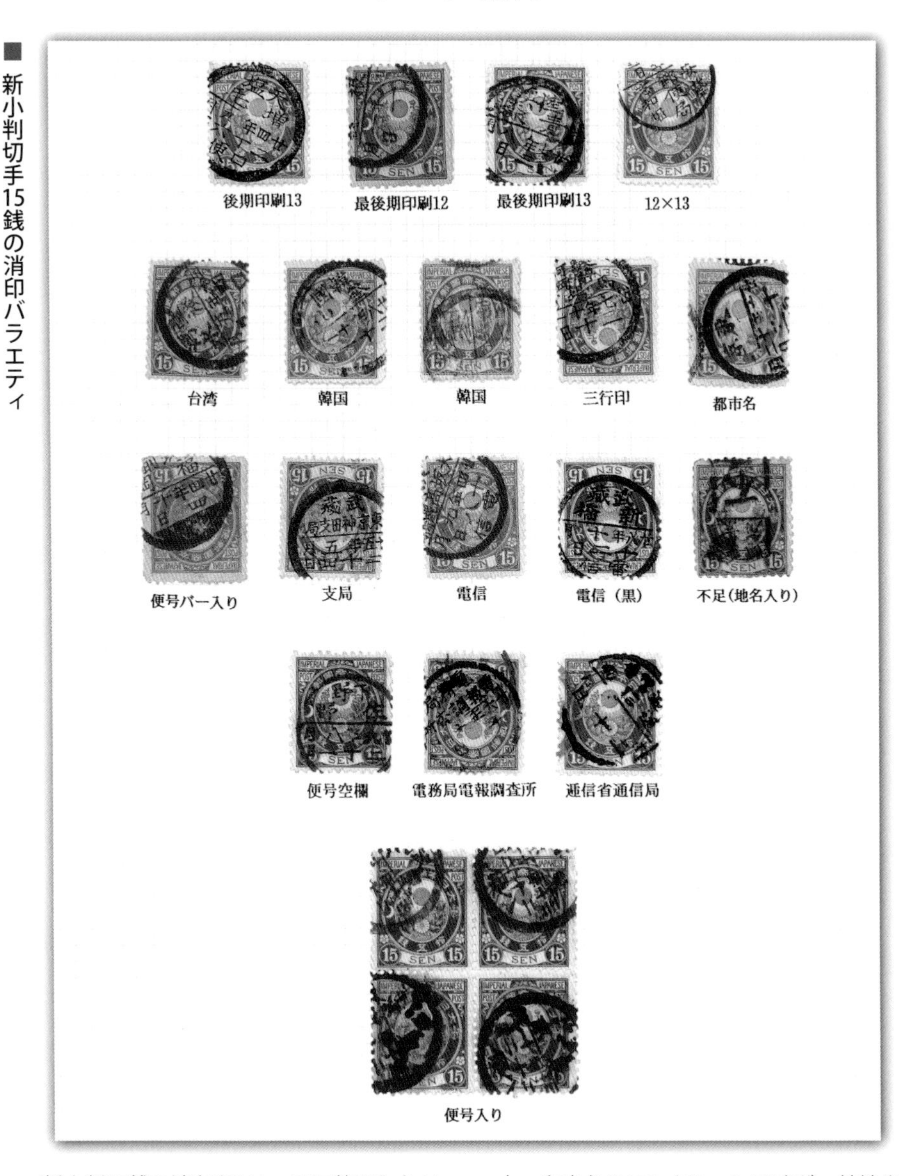

新小判15銭の消印を1リーフに整理したリーフです。新小判15銭は色調変化が著しい切手です。色調は未使用で集めるのが基本ですが、使用済でも充分、分類が可能です。

丸一印中心のコレクションですが、外地や印色それに非郵便印を含めると多くのバライティがあります。下段田型のデータは「武蔵／東京30.11.22ハ便」です。

※本書に掲載のリーフは、自らのコレクションを整理するために制作したものです。
切手展の競争部門では、消印だけのリーフの展示はマイナスの評価になる場合もあります。

菊切手　―製造面―

色調分類と使用済切手で目打分類

この項目では、明治時代の中〜後期に発行された普通切手、「菊切手」を取り上げます。菊切手は国粋主義の時代を反映して、図案の中央に菊花紋章を配した切手で、1899年（明治32）から1907年（明治40）までの８年間に、18種の切手が発行されました。まずは、菊切手の収集分類の基本となる"色調分類"と"目打"に注目し、その収集のポイントをご紹介します。

■ 菊切手の色調変化

▼初期の刷色　▼後期の刷色

…菊切手の色調変化

1899年（明治32）に最初の切手が発行された「菊切手」ですが、ほぼすべての額面で複数回印刷されています。しかも印刷される度に、色が少しずつ変化しているようで、最近の専門収集では色調変化を未使用で揃えて、その出現時期を推定することが必要不可欠となっています。

特に２銭、４銭、15銭などは初期と後期では色調に著しい変化があります。２銭では初期は暗い黄緑ですが、次第に黄色味が増してきて後期では灰味黄緑色になっています。４銭は鮮やかな赤（初期）からうす赤（後期）へ、15銭は初期はにぶ紫、明るい紫、灰味紫ですが、中期・後期では暗い紫、暗い茶紫と変化します。

この切手がどの色に属するのかを見分けるには、複数の切手を見比べて判断す

るしかなさそうです。(「カラー・キー」を使用する方法もあります)

●…"目打"による菊切手収集

菊切手には4種の基本目打があります。すなわち単線(略号L)12、単線12½、櫛型(略号C)13×13½、櫛型12×12½の4種類です。目打は使用済切手で集められますので、まずはここから始めてみてください。

目打については、小判切手の項目でもすでに取り上げてきましたが、ここで改めてご説明します。

目打とは切手が容易に切り離せるよう、シートの縦横に打ち抜かれている一連の小穴のことで、英語ではperforation(perfまたはP.と略します)といいます。目打の数は2センチの長さの間に、目打穴が何個あるかを測って表すのが万国共通の方法で、横が13個、縦の目打が13個半なら、「13×13½」と表します。

また、菊切手の目打の種類には、「単線目打」と「櫛型目打」があります。単線目打は一直線に目打針を植付けた目打機で、100面シートの縦列を1列ずつ、横列を1列ずつ、別々に穿孔していきます。これに対し、櫛型目打は髪の毛を梳く櫛の形状に目打針をセットし、それをシート横列の切手に穿孔していく方法です。100面シートなら、11回の穿孔で目打作業が完了します。

●…目打で分かる切手製造時期

菊切手で、目打を調べることがなぜ大切かと言いますと、それによって切手の製造時期が判るからです。4種の基本目打の使用期間は以下の通りです。

①**単線12**：小判切手最後期の1892年(明治25)から、菊切手製造期間中、終始使用されていた最も一般的な目打。田沢型切手でも使用されている。

②**単線12½**：1900年(明治33)から1907年(明治40)頃までの目打。

③**櫛型13×13½**：菊切手で初めて登場した目打型式で、導入されたのは1902年(明治35)頃。

■単線目打と櫛型目打の違い

単線目打

単線(L)12

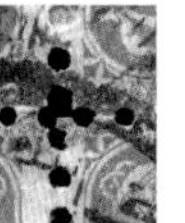

横目打と縦目打を別々に穿孔するため、目打の交点では穴が不揃い。単片に切り離すと切手4隅のコーナーの形状がいずれも違う。

櫛型目打

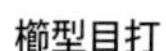

櫛型(C)13×13½

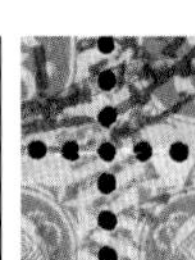

櫛状に植えられた目打針で、横1列の切手の目打を一度に穿孔する。横目打と縦目打の交点は揃っており、4隅コーナーの形状も均一。

■ **菊切手の基本目打４種**

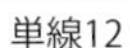

単線12

単線12½

櫛型13×13½

櫛型12×12½

④**櫛型12×12½**：1911年（明治44）末に登場した目打。この頃には菊切手もほとんど印刷されておらず、額面によっては珍品となっている。

したがって、菊切手発行当初の切手の目打は、いずれも単線12でした。また、1901年（明治34）に製造が終了した５厘切手（#101）には、櫛型目打は存在しません。なお、１円切手は高額で印刷枚数も少なかったため、単線目打だけで製造されました。

●…稀少な存在：複合目打

菊切手には４種の基本目打の他、複合（コンパウンド）目打があります（単線12×12½、単線12½×12の２種）。12½×12は基本目打４種に含まれない目打なので、容易に判別できますが、12×12½は櫛型目打にもあり、それを見分けるのにはちょっとした特徴の知識が必要です。

まずは切手４隅のコーナーをじっくり見てください。櫛型目打はきちんと揃っていて同じ形なのですが、単線目打の場合は縦と横の目打を別々に穿孔するため、コーナーはどうしても不揃いになってしまいます。このコーナーを見れば、単線か櫛型かの区別が容易です。また複合目打は1901年（明治34）～1908年（明治41）に使用されていますが、櫛型12×12½は1911年（明治44）になってから登場したので、消印の年号が分かれば、区別も可能です。

ただし、この複合目打は珍しいものなので、昔から変造が盛んに行なわれてきました。入手には十分注意してください。

＊

菊切手の使用済は豊富に存在するうえに安価です。それゆえに稀少な目打切手を見つけられる可能性も、未確認の目打が見つかる可能性も、まだまだ十分にあります。目打を調べて分類することは細かな作業ですが、億劫がらずにチャレンジしてみてください。

■ **菊切手の複合目打**

菊切手の稀少目打、複合（コンパウンド）目打の２種。いずれも目打型式は単線目打で、４つのコーナーが不揃いなのが特徴。左上図の櫛型目打切手と比べると、その違いが明瞭にお分かりいただけると思う。

単線12½×12

単線12×12½

菊

菊切手　－消印－

菊切手は消印が面白い！

菊切手の時代は「日本の産業革命期」とも呼ばれる時期で、経済活動が活発になったことが郵便物の取扱量を飛躍的に増加させました。そのため、消印もさまざまなタイプのものが出現し、菊切手に押されているのです。ここではその中でも和文印に注目し、その収集ポイントをご紹介します。

●…100種を超す消印バラエティ

「菊切手」収集の面白さは消印にある、と言っても過言ではありません。菊切手は大量に増加した郵便物のほか、為替や電報、電話などの料金支払いにも利用されました。したがって、使われた量も非常に多く、消印もさまざまなタイプが出現しています。『普専』の菊切手の項には、消印タイプだけでも59種の消印が掲載されており、細分化すれば100種を超すバラエティが存在するのです。

すべてを紹介する訳にはいきませんので、入手が容易な和文印に絞り、丸一型日付印、丸二型日付印、櫛型日付印について、詳しくご紹介しましょう。

●…菊切手に押された和文印

1．丸一型日付印

小判切手時代から使われており、菊切手発行当初から1909年（明治42）末まで使われた和文印です。『普専』には13種が掲載されていますが、ここでは次の3種をご紹介します。

①便号入り：一日の集配回数２回以上の局で使用された郵便用。菊切手全額面に存在しますが、郵便使用がほとんどなかった額面、特に最高額の１円には少なく、“珍品”となっています。

②便号空欄：便号の部分が空欄になっているもの。郵便（無集配局など）用、非郵便（電信関係など）用として使用されました。全額面にありますが、低額５厘や私製はがき用の１銭５厘には少ない消印です。

③縦書：為替料金や貯金として納付された切手の抹消印。1903年（明治36）３月までに廃止されましたが、消印の切り替えは一律ではありませんでした。後期発行の１銭５厘（赤紫）、３銭（赤）、６銭には存在しません。

この他、便号欄に電話・電信の文字が入った非郵便印、鉄郵印、台湾・朝鮮使

▶菊切手に押された和文印

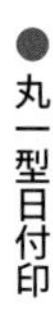
●丸一型日付印

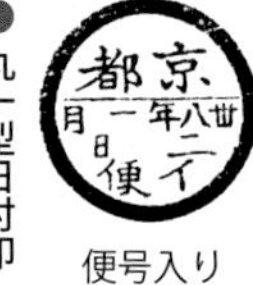

便号入り

便号空欄

縦書

●丸二型日付印

時刻分数

時刻小数

下部空欄

■丸一型日付印

便号入り

便号なし

縦書

■丸二型日付印

時刻分数

時刻小数

下部空欄

■櫛型日付印

時刻入Ｘ型

台湾型

朝鮮型

用印などがあります。

2．丸二型日付印

この消印は菊切手で初めて登場したもので、東京、大阪、横浜、神戸、長崎と各市内局で使用されました。使用開始日は1900年(明治33)12月29日で、1905年(明治38)まで使用されています。『普専』には６種が掲載されています。

①**時刻分数**：使用開始当初に使用されていたもので、消印下部の時刻表示が分数で表示されています。

②**時刻小数**：1901年(明治34)末から使われたもので、時刻は分数から小数表示になっています。

③**下部空欄**：使用開始当初からの使用で、下部が空欄です。非郵便用として使われました。

④**料金収納印**：1906年(明治39)から、電話料金などの納入に使われた非郵便印。下部に「料金収納印」と表示しています。

その他、丸二型には樺太で使用されたものと、野戦局があります。特に樺太にはカタカナ表記の局名があって、人気があります。

3．櫛型日付印

1906年(明治39)１月１日から使用された消印で、その後70年以上使われました。円内を２本のバーで区切り、その上下の一部(上がＤ欄、下がＥ欄)が櫛形になっているので、この名がつけられました。ちなみにバーの間には日付(Ｂ欄)、その上に局名(Ａ欄)、下に時刻など(Ｃ欄)を表示しています。

『普専』には18種が掲載され、以下に

料金収納印

●櫛型日付印

時刻入X型

時刻入Y型

C欄三星

C欄局名

台湾型

朝鮮型

＊Ｘ型の時刻表示は「前０－５」に始まるが、Ｙ型はそれを「前０－７(あるいは０－８、０－９)」等に改めたもの。

代表的なものをご紹介します。なお、5厘切手は櫛型印使用開始時には既に印刷されていなかったため、その組み合わせは大変稀少です。

①時刻入X型：1913年（大正2）3月末まで使用された消印で、時刻表示の違いでバラエティがあります。

②時刻入Y型：1913年4月1日から、X型に代わるタイプとして登場した消印。菊切手の消印としては末期にあたり、それほど多くは残されていません。

③C欄三星：時刻表示の代わりに星を3つ並べた非郵便用の消印。

④C欄局名：郵便局ではなく、電信取扱所で1913年3月まで使用されていた消印。局名が表示されるA欄に府県名が入り、局名はC欄に表示されています。

⑤台湾型：台湾の郵便局で使用されたもので、D・E欄の櫛が縦線ではなく、横線になっています。

⑥朝鮮型：朝鮮の郵便局で使用され、D欄が「局」や「所」「扱」、または空欄で、E欄は縦線1本のみとなっています。

●…入手しやすい満月印使用済

菊切手は使用済残存数が豊富です。即売会では満月印に近い使用済を、額面に関係なく1枚100円程度で販売していることもあります。丹念に探せばきっと掘り出し物があると思います。菊切手の消印を集めながら、切手収集の面白さをぜひ味わってみてください。

■額面別におもな和文印を整理したリーフ

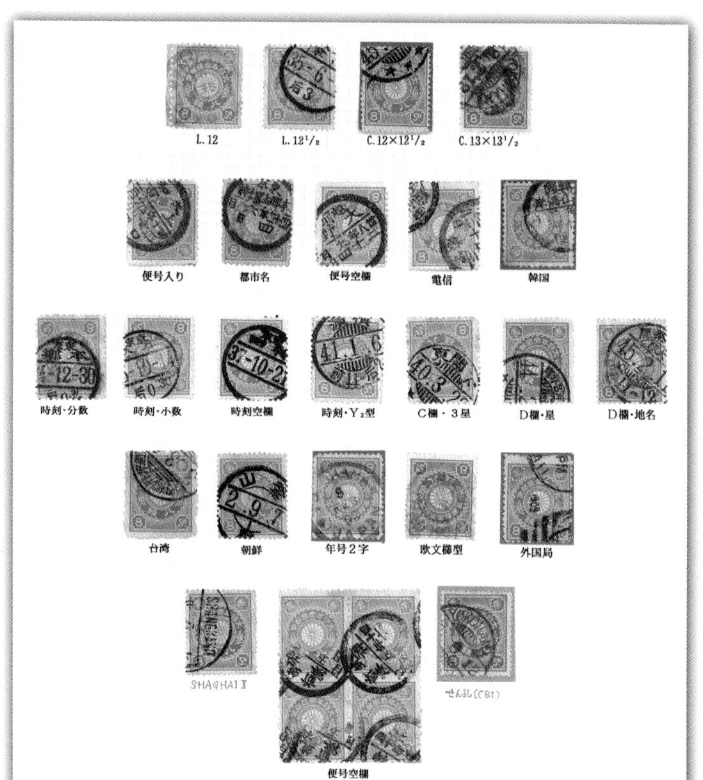

8銭切手の和文印バラエティを整理したリーフ。単片だけでなく、田型やペアを加えたり、消印の特徴が分かれば満月消にこだわらないのも収集を進めるコツ。

菊

菊切手　―使用例―

郵便史と楽しむ使用例収集

使用例は貼られた切手がどのような用途に使用されたのかを示すと共に、その時代の郵便制度を示してくれるマテリアルでもあります。明治時代の切手として手軽に入手できる菊切手なら、使用例を使って、明治時代後期の郵便史収集を楽しむことができます。ここではそのポイントをご紹介します。

…切手と郵便制度を示す収集

菊切手の使用例収集を楽しむには、菊切手が1899年（明治32）４月１日の郵便料金改正を見越して発行された切手であることに注目しなければなりません。この改正では、はがきが１銭から１½銭に、封書は２銭から３銭に値上げされました。この料金は1937年（昭和12）４月１日まで、38年間も続くことになります。

また、1900年（明治33）10月１日には現在の郵便法の前身となる“旧郵便法”が施行されます。注目すべきはこの日から私製はがきの差し出しが認められ、新たに菊１½銭灰味青（#104）が発行されたことでしょう。それまでのはがきといえば官製はがきのことで、はがき料金が１½銭に値上げされても１½銭切手は発行されず、１銭官製はがきに加貼するための菊５厘切手（#101）が発行されていただけでした。

つまり、菊１½銭灰味青の単貼私製はがきと、菊５厘を加貼した官製１銭はがき（消印が旧郵便法施行前の日付のもの）を揃えれば、各々の額面切手の使用例を示せるだけでなく、私製は

■私製はがき認可前後の使用例

菊５厘加貼小判１銭はがき使用例　　菊１½銭単貼私製はがき使用例

旧郵便法による私製はがき認可前に使用された、菊５厘切手を加貼した小判１銭はがき（左）と、認可後の１½銭切手単貼私製はがきの初期使用例（右）。それぞれの切手の代表的な使用例だが、並べると私製はがき認可前後を示す郵便史コレクションにもなる。

がきが差し出せるようになったという、郵便史も示せることになります。

●…郵便料金が示す切手の用途

一方、ひとつの郵便制度に注目し、その料金の変遷を示す郵便史収集が、菊切手各額面の用途を示してくれる場合もあります。例として、以下に菊切手時代の書留封書料金の変遷をご紹介します。

▶…書留封書８銭料金時代：

（1899年１月１日～３月31日）

1900年９月30日まで書留料金は６銭で、1899年３月31日までは封書２銭料金だったため、最初に発行された３種額面（２・４・10銭）を貼った書留封書８銭料金の使用例が残されています。「２銭４枚貼」、「４銭２枚貼」、それに「10銭１枚貼」の２倍重量便（封書４銭＋書留６銭）などが考えられます。なお、菊８銭切手（#112）は1899年10月１日発行ですので、この切手１枚貼の書留封書使用例は存在しません。

▶…書留封書９銭料金時代：

（1899年４月１日～1900年９月30日）

1899年４月１日に封書料金が２銭から３銭となり、書留封書料金は９銭となります。しかし、この期間の書留封書使用例には菊切手１枚貼はなく、「３銭３枚貼」､「４銭＋５銭貼」､「８銭＋１銭貼」

■書留封書料金の変遷を示す使用例

書留封書８銭時代

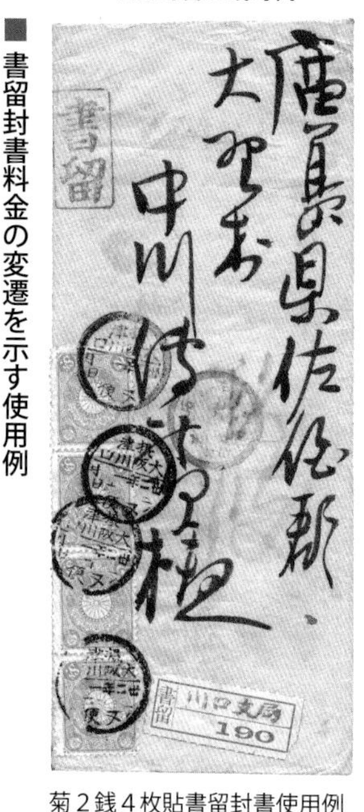

菊２銭４枚貼書留封書使用例

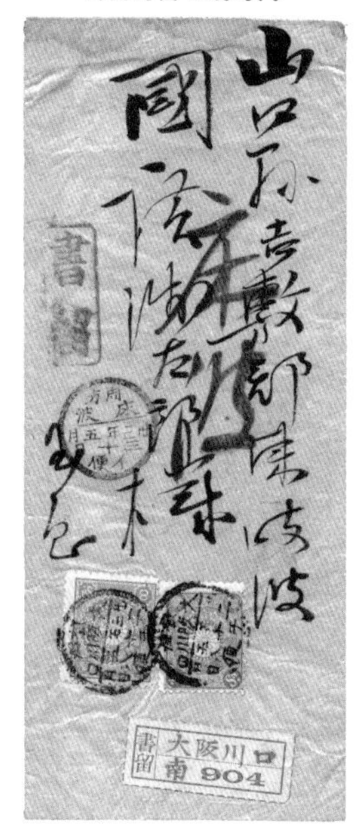

菊８銭１銭混貼書留封書使用例

書留封書10銭時代

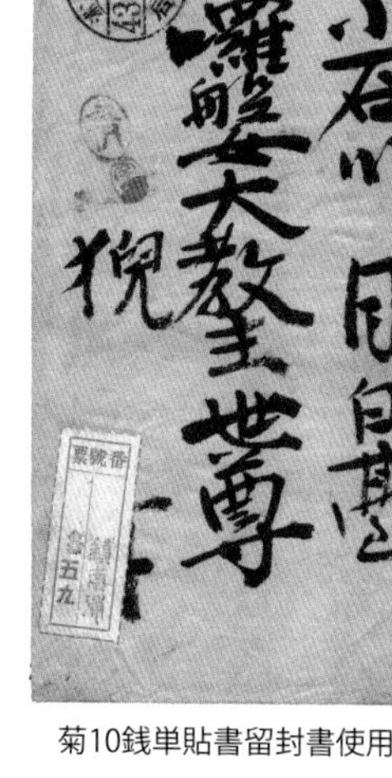

菊10銭単貼書留封書使用例

菊切手時代の書留封書料金は８銭、９銭、10銭の時期があり、それぞれの使用例を集めると、貼ってある切手の使用例としても楽しめる。なお、８銭時期の菊切手使用例は適応期間約３ヵ月ということもあり、どのような貼り合わせでも稀少。

などの多数貼・混貼使用例がみられます。

▶…書留封書10銭料金時代：

（1900年10月1日～1925年3月31日）

1900年10月1日から書留料金は6銭から7銭に値上げされました。それにともない、書留封書料金は10銭となり、菊10銭切手（#113）が広く使われました。

このように各料金時代の書留封書使用例を集めることが、貼付された切手の使用例としてもコレクションとしても機能するわけです。

菊切手の使用例は、常に郵便料金を考えながら収集していくと楽しいものです。貼られた切手の用途が何なのか、ぜひ『普専』VOL. 3の郵便史編を参照し、その答えを見つけてみてください。使用例カバーに貼られた切手と郵便料金がぴったり合った時の喜びは、使用例収集の醍醐味です。

幸い、菊切手の時代は郵便物が劇的に増加した時期でもあり、使用例も豊富に残されています。意外な掘り出し物を見つけることも、珍しいことではないと思います。

●…外国郵便の使用例

最初の菊切手3種は1899年（明治32）1月1日に外国郵便用に発行されました。UPUの取り決めに従って、印刷物用の緑色が2銭、はがき用の赤色が4銭。書状用の青色が10銭でした。

低・中額切手が外国郵便に使われる例はほとんどありませんでした。切手つき封筒2銭に8銭を加貼して外信便（封書）として差し出されたものもありますが極めて稀な使用例です。この頃から書留などの特殊扱いも少しずつ増えてきて、20銭以上の高額切手は、そうした外国郵便に使われました。

■ 菊切手の外国郵便

菊2銭外信はがき（印刷物）
YOKOHAMA 1907.2.8. JAPAN オーストリア宛

菊4銭外信はがき　KEIJO 1913.12.11 CHOSEN 英国宛

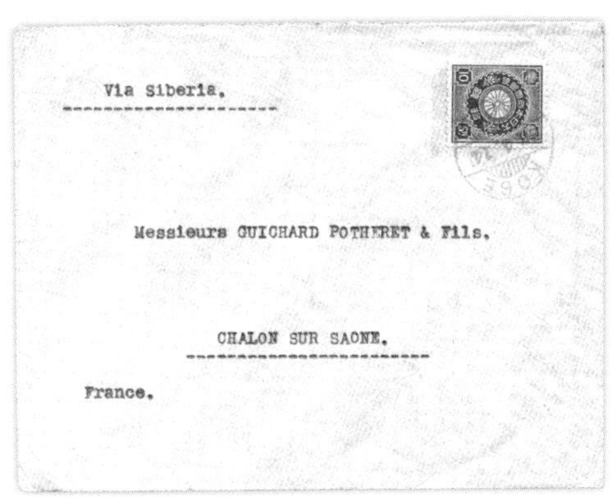

菊10銭外信書状　KOBE 1914.4.23 JAPAN
シベリア経由フランス宛

田沢型切手の基本分類／大正白紙 ―製造面―

まず、その分類に習熟しよう

明治天皇が崩御し、「大正」と改元されたため、逓信省では菊切手に変わる新図案の切手を発行することになりました。図案は一般公募の懸賞募集を行い、印刷局職員・田沢昌言の作品が採用されました。そこで、このシリーズは図案作成者の名前をとって、「田沢型切手」と呼ばれています。

■ 田沢型切手の基本分類

＊印面寸法は標準寸法・図版は各シリーズの３銭切手

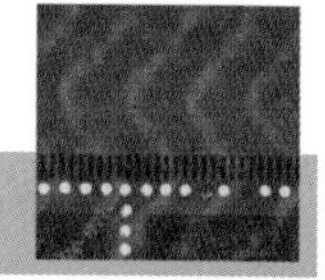

白紙・すかしなし	着色繊維すきこみ白紙＝毛紙・大正すかし			白紙・昭和すかし
大正白紙	旧大正毛紙	新大正毛紙・輪転版	新大正毛紙・平面版	昭和白紙・輪転版

東京中央 大正2.12.5	三田 大正6.11.12	青山 大正15.8.14	樺太小沼 昭和5.8.18	東京中央 昭和12.7.30
旧版（横の印面寸法19.0ミリ）		新版（横の印面寸法18.5ミリ）		
		輪転版	平面版	輪転版
印面寸法：A	印面寸法：A	印面寸法：B	印面寸法：C	印面寸法：B

■ 印面寸法のパターン

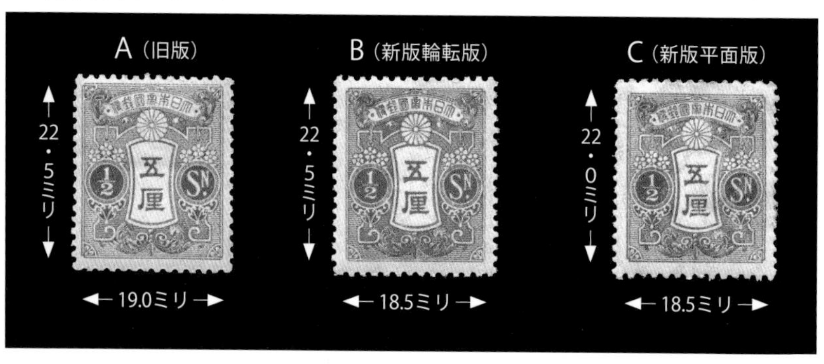

●…田沢型切手の基本分類

「田沢型切手」は1913年（大正２）から1938年（昭和13）までの長期間に渡って発行されましたが、この間、用紙、すかし、印面寸法などが少しずつ変わってきています。しかし、この分類が面倒で、「田沢型切手」の収集を敬遠する人も多いようですので、具体的に分類の仕方を説明しましょう。

まず、切手の裏面を見ます。着色繊維が入っているかどうかを見ます。入っていなければ白紙です。次に白紙のすかしを見ます。すかしが入っていれば昭和白紙、入っていなければ大正白紙です。

着色繊維が入っている場合は、旧大正毛紙か新大正毛紙です。この分類は横の印面寸法によります。19.0ミリならば旧大正毛紙、18.5ミリならば新大正毛紙ということになります。

さらに新大正毛紙と昭和白紙は、印面寸法で輪転版、平面版に分けられます。基本的には縦寸法は平面版が0.5ミリ短かくなっていますが、実際は切手の種類によってその差はごくわずかというものもあります。印面寸法はゲージを使うのではなく、１枚基準になる切手にあててみて比較する方法が簡単だと思います。

３銭切手は「田沢型切手」の全部のシリーズにあり、５厘切手もコイル切手を除いて全部にありますので、そうした切手で分類方法を試して見てはいかがでしょうか。慣れてくると一目見ただけで、おおよそ判別ができるようになります。

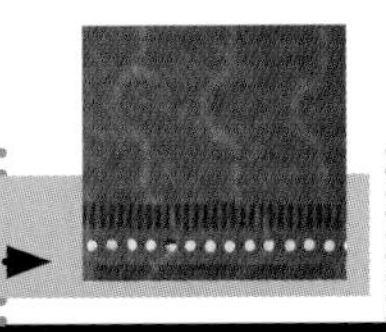

昭和白紙・平面版

日本橋
昭和12.12.20

平面版
印面寸法：C

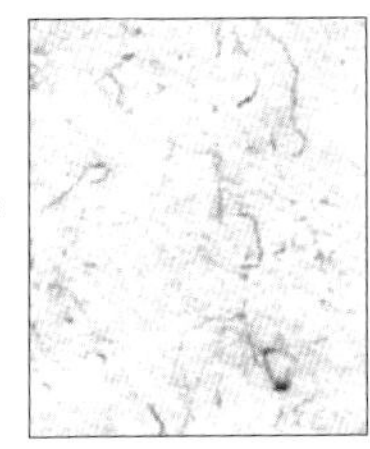

毛紙の裏面。着色繊維が見える。200%

■ 最初の田沢型切手・大正白紙1½銭と３銭

1½銭は初期使用（大正２年10月14日）、３銭は初日印（大正２年８月31日）。

●…大正白紙の目打と枠線

「田沢型切手」の最初は、大正白紙切手を取り上げます。大正白紙切手は1913年（大正２）８月31日に、１½銭（#133）と３銭（#135）の２種が最初に発行され、２ヵ月後の10月31日に残りの９種が発行されました。

目打は３種類あります。単線12、櫛型12×12½、それに櫛型13×13½です。このうち、単線12は菊切手から引き継いだもので、３種の中では比較的少ない目打です。特に25銭の単線12は珍品ですが、ただし「みほん」はすべてが単線12となっています（次㌻）。

■ 大正白紙の目打と枠線

単線12
（25銭みほん）

櫛型12×12½
（４銭）

櫛型13×13½
（１銭）

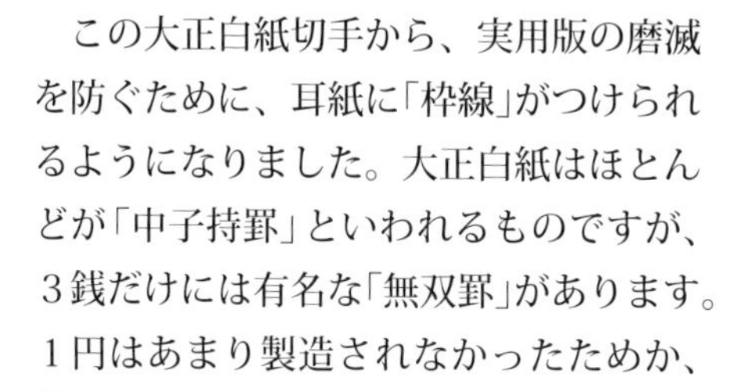

１円以外の額面で見られる中子持罫（左）と３銭だけの無双罫（右）

１円の耳紙は白耳のみ。

■ 大正白紙の定常変種

10銭・点つき花弁

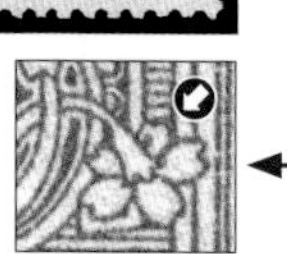

点つき花弁

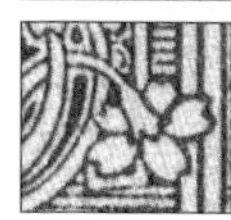

正規の状態

２銭・花弁つながり

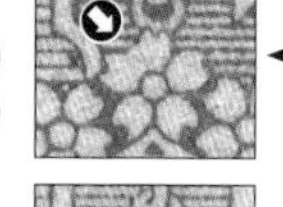

花弁つながり
（93番）

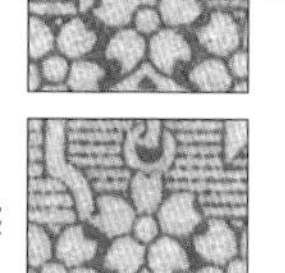

正規の状態

この大正白紙切手から、実用版の磨滅を防ぐために、耳紙に「枠線」がつけられるようになりました。大正白紙はほとんどが「中子持罫」といわれるものですが、３銭だけには有名な「無双罫」があります。１円はあまり製造されなかったためか、枠線がなく、「白耳」と呼んでいます。

なお、大正白紙には定常変種が少なく、10銭（＃138）に「点つき花弁」、２銭（＃134）に「花弁つながり」といわれるものが存在します。10銭「点つき花弁」はシートの中の９ヵ所に存在しますので、比較的容易に見つけることができます。この定常変種は櫛型12×12½と櫛型13×13½の目打がありますが、単線12は未発表です。また、２銭「花弁つながり」は一部のシートの93番に存在します。

収集メモ 田沢型切手は図案が単調で面白さに欠ける、という人がいますが、その奥深さは他の切手の比ではない、と私は思っています。ぜひ、チャレンジしてみてください。

田沢型大正白紙切手　―消印・使用例―

使用期間が極めて短いシリーズ 大正３年使用がほとんど

大正白紙切手が発行された大正２年(1913)中は、郵便局では残っていた菊切手がまだ使われていました。封書料金の３銭（#135)は幾分切り替えが早かったようですが、それでも大正２年の消印はあまり多くありません。そのほかの切手も、大正２年の使用は極めて少なくなっています

大正２年秋、郵便使用を目的とした菊切手10銭と20銭の偽造事件が発生しました。逓信省は直ちに偽造防止策を検討し、その結果、用紙に着色繊維を漉き込み、すかし入りの切手を発行することになりました。それが「旧大正毛紙切手」で、翌大正３年(1914) ５月20日に大正白紙切手と同一額面の11種が発行されました。旧大正毛紙切手が発行されると、大正白紙切手は急速に姿を消して行きます。

あまり使われなかった額面の切手には、大正４年(1915)の消印も見られますが、ほとんどの大正白紙切手は大正３年の消印しか存在しない、と言っても過言ではないでしょう。

●…大正白紙切手の消印

つまり大正白紙切手は１年、長くて２年の使用期間しかなかった切手で、消印、使用例とも全般に少ないシリーズです。とくに額面では４銭、20銭、25銭、１円の消印を集めるのには、相当な努力を要します。

櫛型印では国内印のほかに、朝鮮、台湾、満州、樺太などのいわゆる“外地”の

■ 大正白紙切手 外地の消印

１円。満州櫛型印。
大連吾妻橋 大正3.4.6。Ｄ欄「満」。

３銭。朝鮮櫛型印。
京城 大正3.4.14。Ｄ欄「局」。

３銭。台湾櫛型印(郵便印)。
台北 大正3.12.23。

田沢型

消印があります。とくに台湾には、大正白紙切手が大量に送られたらしく、C欄が空欄になった非郵便印は、一部の切手を除いて“駄物”と言っていいほど存在します（５厘、１円は未確認）。ただし、時刻入の郵便印はあまり多くはありません。

欧文櫛型印もそれほど多くはありませんが、すべての額面に存在します。使用局によって異なり、印色は紫色が主流で、消印が鮮明なものが多いようです。

◉…大正白紙切手の使用例

次に使用例を見ていきます。郵便料金は、菊切手時代のものがそのまま継続していますので、菊切手の使用例とほぼ同じです。このうち、１½銭切手は大正３年の年賀状（❸）に多く使われました。大正２年は明治天皇の諒闇（りょうあん）中で、年賀状の差し出しが少なかった年でしたが、この年の暮、12月15日から29日まで、年賀郵便特別取扱が再開され、年賀状が一気に増加したものと思われます。

■ 各額面の使用例

額面	使用例	
５厘	第３種便（帯封を含む）	❷
１銭	第３種重量便	
１½銭	私製はがき	❸
２銭	第４種便、外信印刷物	❹
３銭	第１種便（書状）	❶
４銭	外信はがき	❺
５銭	２枚貼書留書状	
10銭	書留書状、外信書状	❻
20銭	外信書留書状	
25銭・１円	電話通話券などの非郵便、外信便（混貼）	

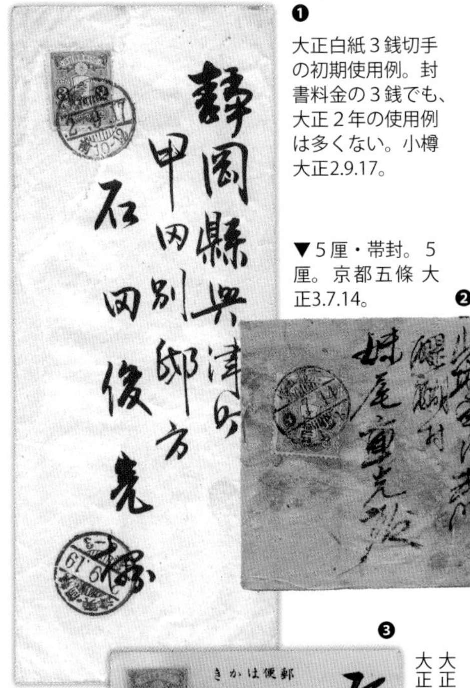

❶ 大正白紙３銭切手の初期使用例。封書料金の３銭でも、大正２年の使用例は多くない。小樽 大正2.9.17。

❷ ▼５厘・帯封。５厘。京都五條 大正3.7.14。

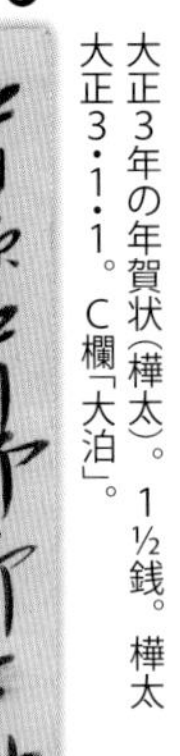

❸ 大正３年の年賀状（樺太）。1½銭。樺太大正３・１・１。C欄「大泊」。

10銭。欧文櫛型印。YOKOHAMA 1914.5.18。

１円。船内印。SHINYO・MARU 1914.5.16。

２銭。鉄道郵便印。大阪福知山間 大正3.3.28。C欄「上一」。

■ 外国郵便の使用例

❹

２銭。アメリカ宛印刷物。横浜 大正3.8.4。

❺

４銭。フランス宛はがき。三重・長島 大正2.12.13。D欄「北牟婁」。

❻

10銭。ドイツ宛書状。OSAKA 1914.5.21。

■ 混貼の使用例

❼

大正白紙２銭切手と菊切手1銭との混貼。岩手・重茂 大正3・5・7。

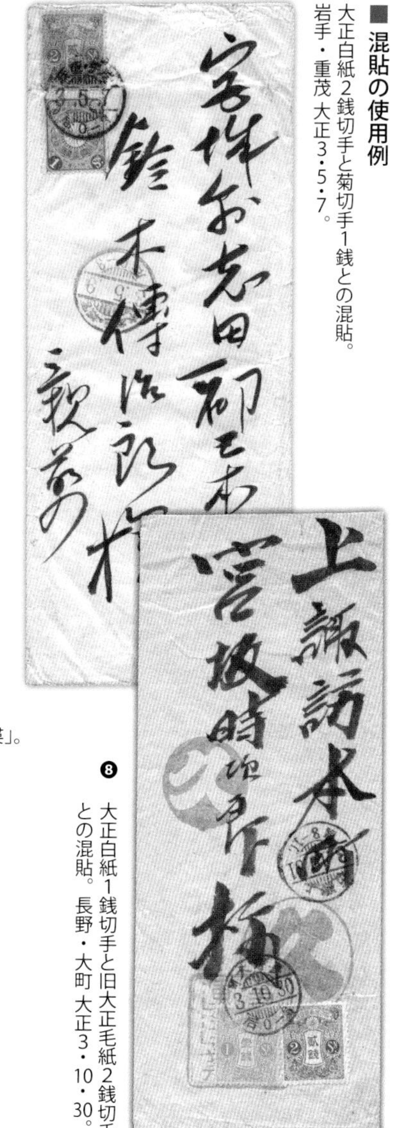

❽

大正白紙１銭切手と旧大正毛紙２銭切手との混貼。長野・大町 大正３・10・30。

また、万国郵便連合（UPU）の取り決めによって、外国郵便の印刷物用は緑色、はがき用は赤色、書状用は青色となっていますが、大正白紙切手では２銭、４銭、10銭がそれに対応しています（❹〜❻）。

大正白紙切手は、菊切手と旧大正毛紙切手の中間にあって、橋渡しの役割を果たしたといえそうです。そういう意味では、菊切手との混貼、旧大正毛紙との混貼も面白い使用例かもしれません（❼❽）。

リーフ紹介

■ 田沢型大正白紙4銭

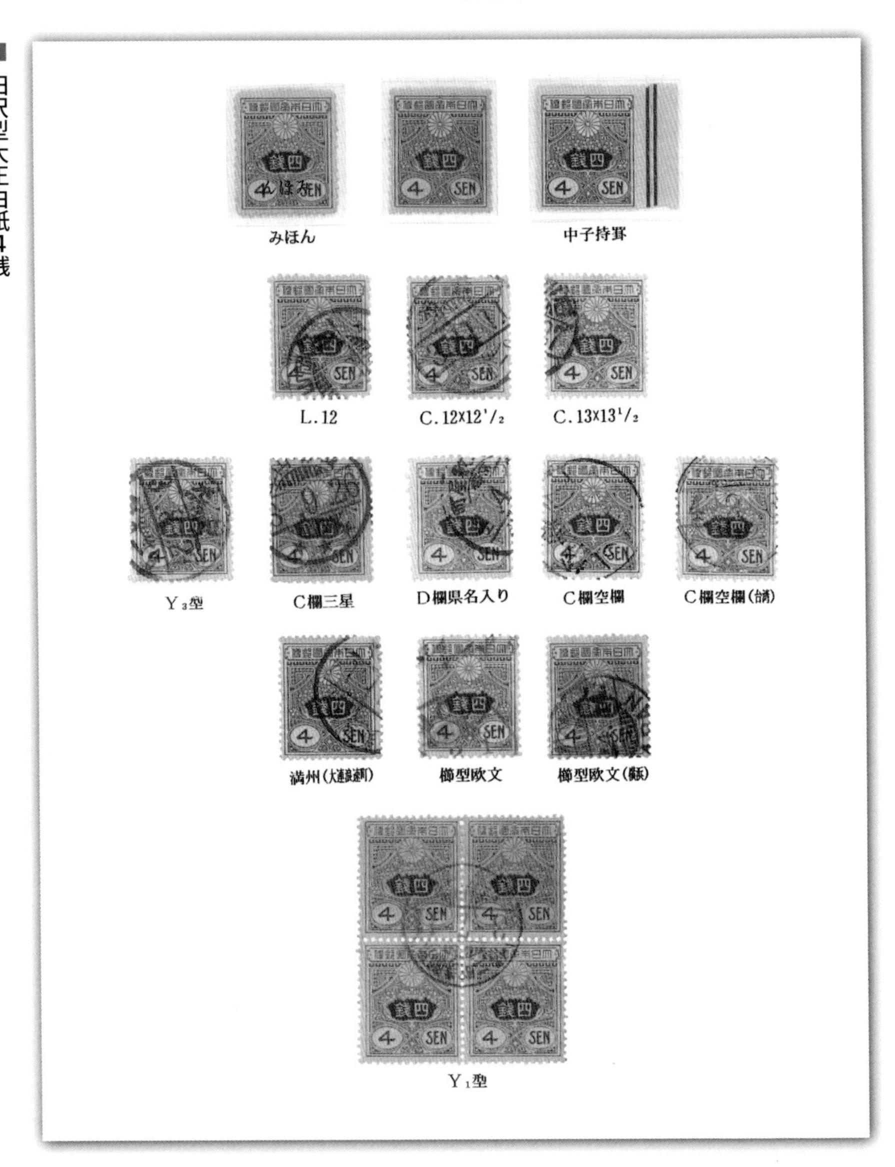

大正白紙4銭をまとめたリーフ。大正白紙4銭はUPU色(赤)で外信はがき用ですが、7か月後には旧大正毛紙4銭が発行されたため、消印、使用例とも余り多く残っていません。そのため使用済は大正白紙11種の中では、一番高価です。罫線は中子持罫しかありませんが、目打が3種あります。罫線と目打を組み合わせて3種を揃えるのは大変です。

田沢型旧大正毛紙切手　―製造面―

目打・枠線・銘版・用紙の組み合わせがポイント

旧大正毛紙切手収集のポイントは、目打、枠線（耳紙）、銘版、用紙の組み合わせにあります。それらの要素が複雑に絡み合い、収集に深みを与えてくれます。時間をかけて、ジックリと収集したいシリーズです。

■ 旧大正毛紙１円の目打バラエティ

単線11

単線12

単線12½

単線13×13½

櫛型13×13½

◎…大正を代表する切手

旧大正毛紙切手は、大正時代を代表する切手です。大正３年（1914）から昭和初期まで、15年以上にわたって使用され続けてきました。途中、富士鹿、震災、風景切手が発行されましたが、それらはあくまで旧大正毛紙切手を"補完"するものでしかありませんでした。

旧大正毛紙切手は、大正３年５月20日に大正白紙切手とまったく同じ額面で11種が発行され、第２次として大正８年（1919）８月16日に４種、そして大正14年（1925）９月15日に13銭１種が発行され、全16種が出揃います。図案は低額面：５厘～３銭、中額面：４銭～25銭、高額面：30銭～１円の３種に分類されます。

◎…旧大正毛紙切手の収集要素

▶…**目打**：旧大正毛紙切手の目打は、基本的に単線12、櫛型12×12½、櫛型13×13½の３種類です。

単線12は初期の目打ですので、第２次発行の４種（６銭、８銭、30銭、50銭）は極めて少なく、最後に発行された13銭は単線12だけでなく、櫛型12×12½もありません。

１円の目打は多様です。単線11、12、12½、13×13½、13½、櫛型13×13½があります。13×13½の単線と櫛型の違いは、切手の四隅の目打の形を見れば分かります。四隅がまったく同じように抜けていれば櫛型目打です。

▶…**枠線**：枠線も旧大正毛紙になって種類が多くなってきました。大正白紙か

収集メモ ここでは触れていませんが、旧大正毛紙切手には５種の額面の切手帳ペーンがあります。このうち１½銭と３銭のペーンには多くの種類の目打があり、単片でも分類が可能です。

■ 3銭切手の枠線

中子持罫

太かすみ罫

細かすみ罫

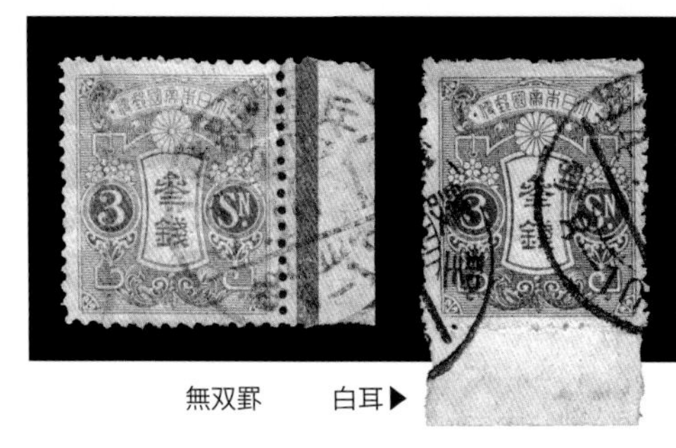

無双罫　　白耳▶

らの流れで、初めは「中子持罫」だけでしたが、4年後に「かすみ罫」に変わります。かすみ罫は線がやや太い「太かすみ罫」でしたが、後期には「細かすみ罫」になります。

この枠線も第2次発行の4種類と13銭には「中子持罫」はありませんし、1円は白耳だけになっています。なお、関東大震災以降に印刷された切手は「白耳」になっています。

また、3銭切手には有名な「無双罫」があります。無双罫は大正白紙には少ないながらも、そこそこ見つけることができますが、旧大正毛紙では“珍品”の部類に入ります。旧大正毛紙3銭の無双罫が入っているかどうかで、コレクションが評価される、とさえいわれるほどです。

▶…銘版：銘版は2種類あります。「内閣銘」(大日本帝国政府内閣印刷局製造)と「政府銘」(大日本帝国政府印刷局製造)です。「政府銘」は切手2枚に掛かっているものしかありませんが、「内閣銘」には3枚掛と2枚掛の2種類があります。

▶…用紙：旧大正毛紙は長期間、製造されたので用紙にも変化があります。それらは、紙質と着色繊維の量などによって、最初期、初期、中期、後期に分類されますが、その判別はできるだけ多くの切手

■ 1½銭切手の銘版　内閣銘

▲内閣銘・3枚掛

▲内閣銘・2枚掛

収集メモ 旧大正毛紙の「太かすみ罫」は「細かすみ罫」が磨滅したものではないか、と以前に質問を受けたことがあります。しかし、「太かすみ罫」の方が先に出現していますので、「細かすみ罫」は摩滅したものではありません。

■ 1½銭切手の銘版　政府銘

▲政府銘・２枚掛（かすみ罫）

▲政府銘・２枚掛（白耳）

の裏面をみて習熟するしかありません。

▶…**定常変種**：旧大正毛紙には代表的な定常変種が２つあります。６銭の「玉に瑕（きず）」、10銭の「点つき花弁」です。「玉に瑕」は印面右側右下の「玉」に小点があるもので、その形や位置が時期によって少しずつ異なっています。10銭の「点つき」は大正白紙から引き続いて存在し、基本目打３種に全て存在します。

▶…**刷色**：刷色も長期間に渡って印刷されたため、初期と後期では相当、色のバラエティが見られますが、特にユニークなのが４銭です。４銭は黄味赤が基本色ですが、初期の一時期、暗い赤紫（えび茶）で印刷されたものがあります。この切手は未使用は未確認、使用済も極めて珍しく、滅多に目にしません。

■ 旧大正毛紙の用紙変化

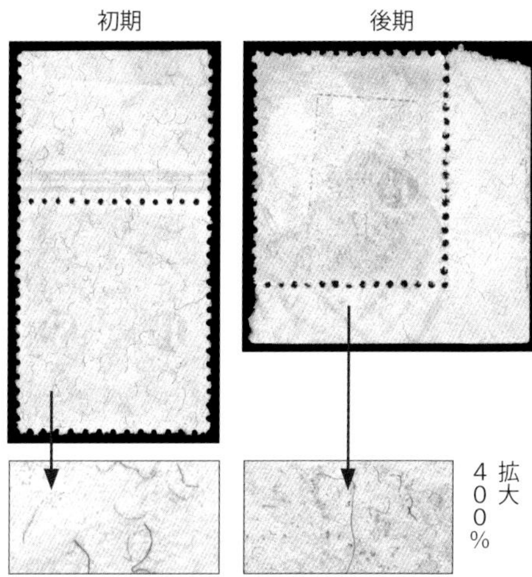

■ ６銭切手と10線切手の定常変種

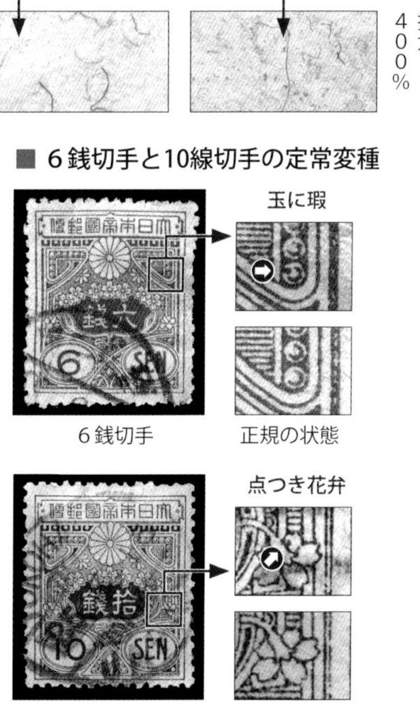

■ ４銭切手の初期刷色バラエティ

黄味赤

暗い赤紫（えび茶）

田沢型旧大正毛紙切手　－消印－

長期間の使用で消印の種類が豊富

旧大正毛紙切手は、次の新大正毛紙が発行された後も使われ続けていました。使用期間は20年以上の長期間に及び、消印の種類が大変多くなっています。ここでは、その中から基本的なものを紹介します。

●…国内和文櫛型印

先ず国内用（和文印）からみていきます。菊切手時代は、丸一印、丸二印、櫛型印と多くのタイプがありましたが、この時期は櫛型印しかなく、それも時刻表示がＹ型＊といわれる日付印です。Ｙ型は1913年（大正２）４月１日から次のＺ型に移る1930年（昭和５）11月30日まで使われ続けましたので、旧大正毛紙切手の使用時期と全面的に重なります。Ｙ型も局種によって時刻表示が異なり、Ｙ1、Ｙ2、Ｙ3の３つに分類されます。

＊Ｙ型は、それまでの「前０－５」から始まる時刻表示（Ｘ型）を、「前０－７（あるいは０－８、０－９）」に改めたもの。

■ 和文櫛型印

三田 大正6.11.12。時刻表示はＹ1型で、「前0-7」から始まり、１時間刻みの時刻表示になっている。

■ 旧外地の消印

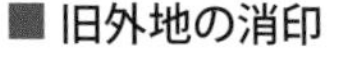

朝鮮・京城 大正5・9・23、Ｄ欄「局」。

満州・大連 大正11・7・28、Ｄ欄「満」。

朝鮮・安養 大正7.6.21、Ｄ欄「所」。

台湾・台中大墩街 大正4.6.25。

樺太大正6・1・14豊原。丸二型印。

収集メモ この時期の朝鮮の櫛型印は少し変わっています。「局」（郵便局）、「所」（郵便所）、「扱」（郵便取扱所、郵便電信取扱所）がＤ欄にあれば郵便印、Ｃ欄にあれば非郵便印に分かれます。

◉…旧外地和文櫛型印

国内以外の櫛型日付印の種類も豊富です。朝鮮では、D欄に「局」「所」「扱」などが入る朝鮮型といわれる日付印が使われましたが、大正末期には普通の櫛型印に切り替りました。

台湾では、D・E欄に横棒が入る台湾型が1945年（昭和20）まで使われ、時刻表示が国内とは異なる独自のものを使っていました。

樺太では当初、A欄樺太、C欄局名の丸二型印でしたが、1918年（大正7）頃から、それが逆転し、A欄局名、C欄樺太の櫛型印になりました。樺太も大正末期には国内と同じ時刻入りの櫛型印になります。

また、南洋庁管理下の郵便局では、A欄にパラオ、ポナペ、サイパンなど「郵便局名（島名）」、C欄に「郵便局」と入った独自の櫛型印を使いました。

◉…その他の和文印

和文ローラー印の使用例は少なく、局名、年号の読めるものは滅多にありませんが、5厘、1銭、1½銭、2銭など低額切手には時々見かけます。第3種郵便に使われたものと思われ、印色も黒だけでなく紫がかったものもあります。

非郵便としては、C欄がひらがな、三星が一般的です。朝鮮ではC欄に「局」「所」「扱」が入ったものは非郵便、台湾では大正白紙からの延長でC欄空欄が非郵便です。

この時代に新しく登場したのが機械日付印と標語印です。機械日付印は本来、年賀はがきの消印に使われるもので、1½銭以外の切手上に現れることはほとんどありません。切手上に機械印の日付部

■ 和文ローラー印

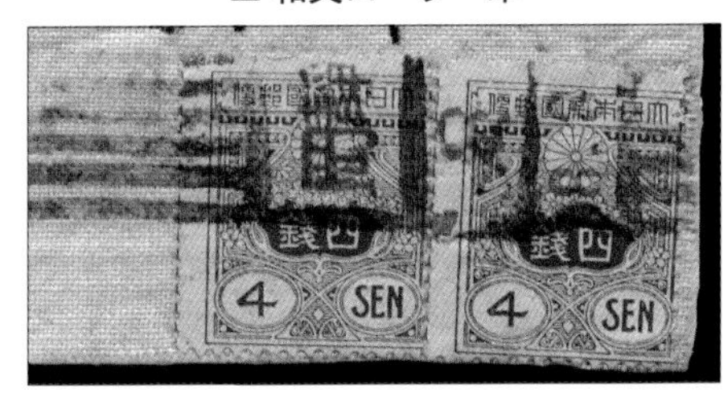

ローラー印。静岡 大正8.8.3。

■ 非郵便印

非郵便印。C欄ひらがな。北平山町 大正4.12.22、D欄「丸亀」。

非郵便印。C欄三星。門司 大正14.8.9。

■ 手押し標語印　■ 機械印・機械印標語部

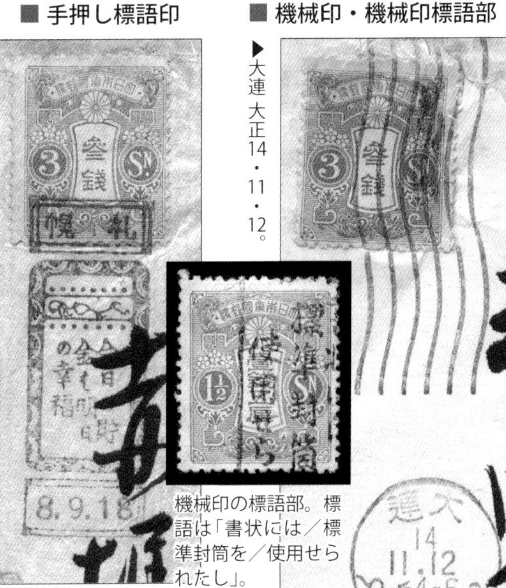

▶大連 大正14・11・12。

機械印の標語部。標語は「書状には／標準封筒を／使用せられたし」。

札幌 大正8.9.18。標語は「今日の貯金は明日の幸福」。

■ 各種の欧文印

OSAKA 1921.9.5、C欄「JAPAN」。

朝鮮 KEIJO 1919.5.8、C欄「CHOSEN」。

朝鮮 KEIJO SEOUL 2

OSAKA 1931.12.15、C欄「JAPAN」。

満州 DAREN 1927.5.15、C欄「I.J.P.O.」。

船内印。TENYO-MARU 1916.8.1。

パクボー印。VANCOUVER 1927. JUN 19。

分がくる確率は相当低いと考えられます。

また、標語印は当初は機械でなく手押しで、少ないながらも旧大正毛紙の中期に見られます。機械日付印の波線部分に標語を入れたものは、1925年(大正14)から使われ始めました。機械標語の標語部分は1½銭切手に多く存在します。

●…欧文印各種

次に外国用(欧文印)です。この時代は櫛型欧文印でC欄に「JAPAN」と入ったものが広く使われました。C欄が「NIPPON」になるのは1934年(昭和9)からですので、旧大正毛紙の最後期使用例として存在します。この欧文印も外地ではいろいろな種類のものがあります。朝鮮では国名に「CHOSEN」と入った大型の消印が使われました。A欄が二行になった「KEIJO SEOUL」はユニークな消印として人気があります。満州(関東州)ではC欄が「I.J.P.O」(Imperial Japanese Post Office)の文字が入ります。台湾ではC欄に「TAIWAN JAPAN」と入った丸二印を使いました(右㌻のリーフ参照)。

旧大正毛紙切手には、船内印またはパクボー印といった外国の郵便印を押したものを見かけます。特に外国郵便に多く使われた3銭や10銭切手には多いようです。

リーフ紹介

■ 田沢型旧大正毛紙切手8銭

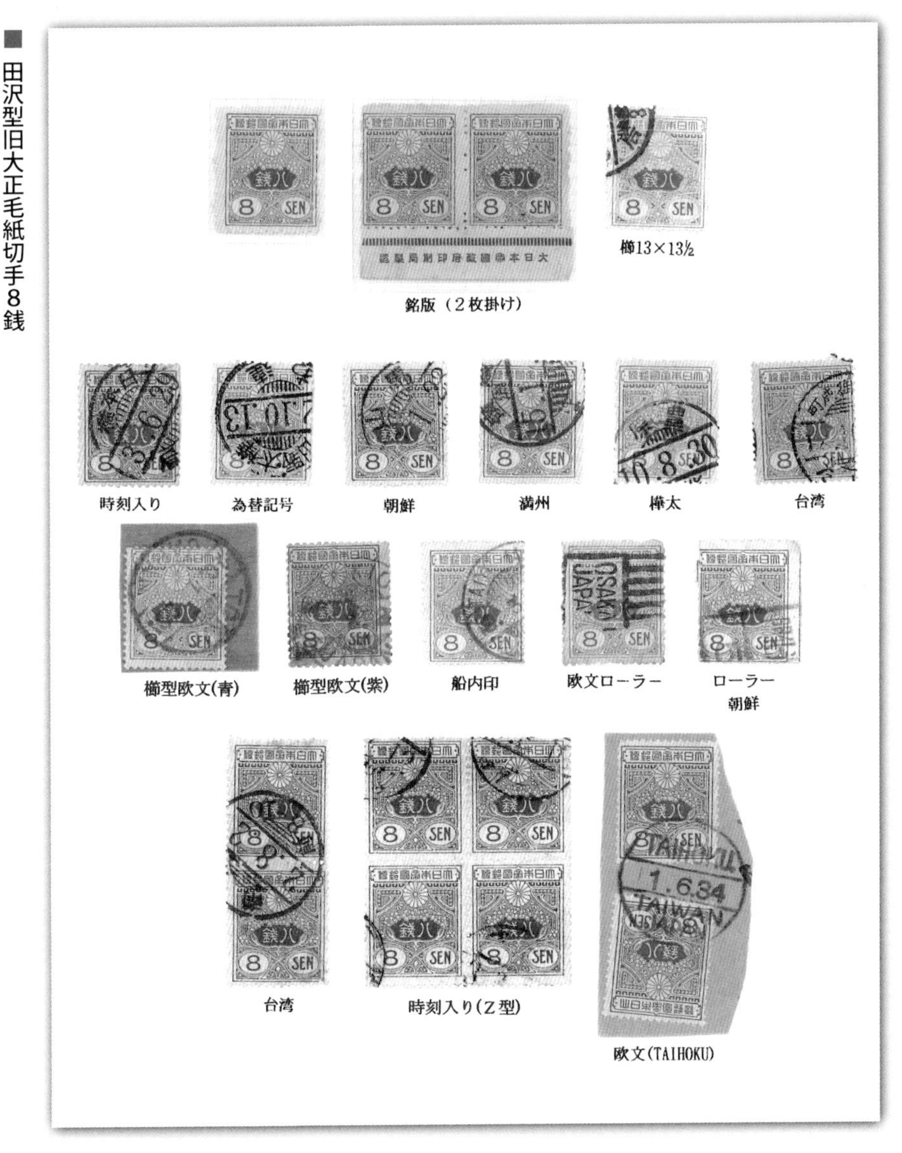

銘版（2枚掛け）
櫛13×13½
時刻入り
為替記号
朝鮮
満州
樺太
台湾
櫛型欧文(青)
櫛型欧文(紫)
船内印
欧文ローラー
ローラー朝鮮
台湾
時刻入り(Z型)
欧文(TAIHOKU)

旧大正毛紙８銭の未使用と消印のリーフです。８銭の使用済は旧大正毛紙11種中、最も高価で、消印を集めるのに苦労します。比較的外国郵便印が多く、下段右の「TAIHOKU」の丸二印は、オンピースですが、珍しいのではないかと思っています。各リーフに田型を配していますが、この８銭切手の田型は他の額面の切手と比較して少ないものです。

田沢型旧大正毛紙切手 ―使用例―

多数貼が収集の幅を広げる

旧大正毛紙切手の使用例としては、適正１枚貼が基本になりますが、範囲を拡げて多数貼を集めると、収集の面白さが倍増します。ここでは書状をはじめ、書留訴訟書類や書留配達証明の多数貼を見ていきます。

■表１：旧大正毛紙発行当時（大正３年［1914］）の郵便料金表

第１種・有封／無封	第２種	第３種	第４種	第５種
４匁ごと**３銭**／10匁ごと**２銭**	**1½銭**	20匁 **½銭**	30匁 **２銭**	30匁 **２銭**

	書留	速達	訴訟書類	配達証明	内容証明
特殊取扱郵便	**７銭**	同一郵便区市内 **６銭**	**５銭**	差出時 **３銭**	１枚まで **10銭**

■表２：UPU外国郵便料金の改訂

外国郵便・料金改定日	印刷物（緑）	はがき（赤）	書状（青）	
明治30（1897）.10.1	**２銭**	**４銭**	**10銭**	
大正11（1922）.1.1	**４銭**	**８銭**	**20銭**	…富士鹿切手（1922.1.1）
大正14（1925）.10.1	**２銭**	**６銭**	**10銭**	…風景切手（1926.7.5）

旧大正毛紙切手は偽造防止のため、用紙を変更して発行しただけですので、当初の郵便料金（表１）は大正白紙の時とまったく変わりません。この郵便料金は基本的に1937年（昭和12）まで続きます。また、この時代は特殊取扱郵便も増えてきます。

国内の郵便料金はあまり変更はありませんでしたが、外国郵便料金は大正時代後半から頻繁に改訂されました（表２）。

これらの郵便料金表をもとにして、旧大正毛紙切手の使用例を見ていきます。

●…国内郵便の多数貼

国内郵便では多数貼に注目してみます。例えば３銭の封書料金にも５厘６枚貼（❶）、１銭３枚（❷）、１½銭２枚貼があります。

書留書状は10銭料金が長く続きましたが、1925年（大正14）４月１日から13銭に値上げされました。そこで旧大正毛紙の最後を飾る13銭切手が1925年（大正14）９月15日に発行されています。

また、裁判所などから差し出される書留訴訟書類15銭も３銭５枚貼、５銭３枚貼（❸）などは容易に探すことができます。訴訟書類は書留料金が変わった1925年からは18銭になり、３銭の６枚貼（❹）や６銭の３枚貼（❺）が存在します。

書留配達証明は13銭（書留書状10銭＋配達証明３銭）で、珍しい使用例として４銭

■ 第１種有封書状（３銭）の多数貼

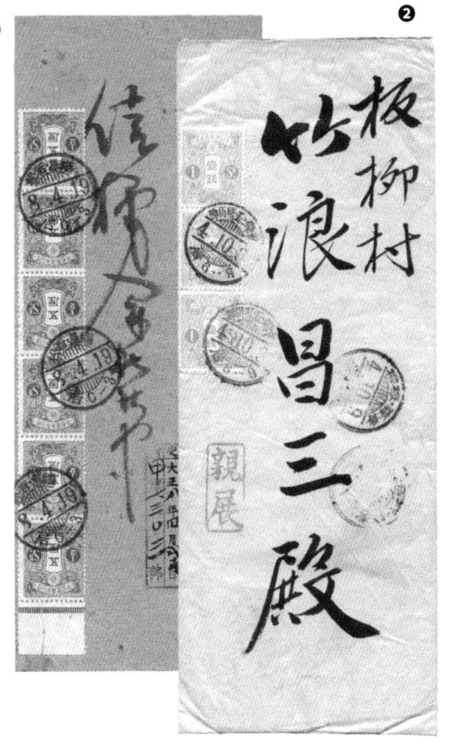

❶ ５厘６枚貼、福島・若松 大正8.4.19。
❷ １銭３枚貼、青森・五所川原 大正４.10.3。

切手の４枚貼（書留書状重量便13銭＋配達証明３銭）があります。

◉…外国郵便の使用例

外国郵便はUPUの規定により印刷物、はがき、書状に用いる切手の色がそれぞれ、緑、赤、青と決められていて、旧大正毛紙の２銭（次ﾍﾟ❻）、４銭（❼）、10銭（❽）がそれに対応していました。しかし1922年（大正11）の郵便料金改定で、旧大正毛紙が使えなくなりました。

４銭ははがきから印刷物の料金になったので、そのまま使えそうですが、UPUの色の規定に反するので使うことはでき

■ 書留訴訟書類

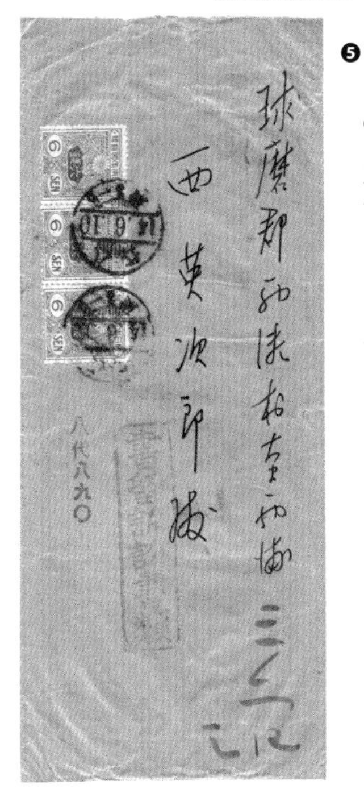

❸ 書留訴訟書類５銭３枚貼（書留書状10銭＋訴訟書類５銭）、島根・大森 大正５・12・6。
❹ 書留訴訟書類３銭６枚貼（書留書状13銭＋訴訟書類５銭）、京都・園部 昭和２・11・14。
❺ 書留訴訟書類６銭３枚貼、八代 大正14・6・10。

■ UPU色の外国郵便

■ UPU色以外の外国郵便

上から、❻外国郵便印刷物２銭、YOKOHAMA 1921.11.15、スイス宛。❼外信はがき４銭、NAGASAKI 1918. 2.23、アメリカ宛。❽外国郵便書状10銭、TOKIO 1926.9.26、アメリカ宛。いずれもＣ欄JAPAN。

上から、❾外信はがき８銭、KOBE 1923.11.12、スウェーデン宛。富士鹿切手８銭の代わりに使用。❿外信はがき６銭、YOKOHAMA 1926.7.30、ドイツ宛。風景切手６銭の代わりに使用。⓫外信書留書状20銭、YOKOHAMA 1917.7.31、JAPAN、スイス宛。

⓬ツェッペリン号第１回世界一周飛行の搭載便。旧大正毛紙１円３枚＋風景切手10銭１枚貼、TOKIO 1929. 8.21、LAKEHURST（アメリカ）宛。

なくなってしまったのです。そこでまったく別の切手 ― 富士鹿切手がUPU色で発行されました。

料金の値上げ幅が大きすぎるということで、1925年（大正14）には値下げされましたが、この時も従来の切手が使えなくなったため、新しく風景切手が発行されました。しかし実際は必ずしもUPU色を守っていたわけではなく、旧大正毛紙８銭（❾）や６銭（❿）など、外国郵便に使われた例があります。

20銭以上は外国郵便に使われた例（⓫）がほとんどですが、その中でも１円を３枚と風景切手10銭を貼ったツェッペリンカバー（第１回世界一周飛行・⓬）は珍しい使用例です。

収集メモ 旧大正毛紙の20銭以上の高額切手は変わった使用例があり、その郵便料金の内訳を調べるのも楽しいものです。

田沢型新大正毛紙切手　―製造面―

旧大正毛紙との違いは印面寸法だけ

新大正毛紙切手の５厘、１½銭、３銭には、輪転版と平面版があり、新大正毛紙切手の分類を難しく見せています。しかし、これを除くと、新大正毛紙切手はそれほど分類に苦労するシリーズではありません。

新大正毛紙切手と旧大正毛紙切手の違いは、横の印面寸法が0.5ミリ違うだけで、用紙、すかしなどは変わりません。

新大正毛紙切手は、そのほとんどが逓信省からの発行の省令もなく、1926年(大正15)から1935年(昭和10)の間に14種発行され、旧大正毛紙切手から新大正毛紙切手へと順次切り替っていきました。

ではなぜ、大正毛紙切手を旧と新に分けなければならないのでしょうか？　それは印刷に使う版(実用版)がまったく違うからです。

●…輪転版と平面版がある３種

関東大震災の後、ドイツから輪転２色印刷機が導入されました。この印刷機で印刷するためには、旧大正毛紙の印面寸法では実用版が大きすぎるため、横の印面寸法を0.5ミリ短くした実用版を新たに作りました。この実用版によって印刷された切手が、新大正毛紙切手です。

この実用版は本来、輪転印刷機用に作られましたが、平面印刷機でも用いられました。そこで、新大正毛紙切手は、輪転版で印刷された切手と、平面版で印刷された切手を分類しなければならなくなります。

■ 新大正毛紙の出現時期

輪転版（６種）	平面版（８種）
５厘（1935.4）	５厘（1929.8）
――	１銭（1931.5）
１½銭（1931.11）	１½銭（1928.12）
３銭（1926.2）	３銭（1926.5）
――	５銭（1930.3）
――	７銭（1931.1.21）＊
――	13銭（1931.7）
――	25銭（1934.2）
30銭（1929.9.1）＊	――
50銭（1929.9.1）＊	――
１円（1930.8）	――

＊30銭、50銭、７銭は発行日

輪転版は６種、平面版は８種ですが、このうち５厘、１½銭、３銭の３種は輪転版、平面版の両方があり、このことが新大正毛紙の分類を“敬遠”する人が多い原因かもしれません。

５厘、１½銭、３銭の輪転版と平面版は、耳紙がついていれば簡単に区別できます。目打が左右と下の耳紙に１つ抜けているのが輪転版、抜けていないものが平面版ですので、分かりやすいのですが、単片の場合は印面の縦寸法を測らなけれ

■ 左右と下の耳紙の目打で
輪転版と平面版を区別する

5厘、1½銭、3銭とも、耳紙に目打が1つ抜けているのが輪転版（上）、抜けていないのが平面版（左）。

■ 新大正毛紙切手の銘版

「大日本帝国政府内閣印刷局製造」1種のみで、97−99番の3枚掛。全種に共通する。

ばなりません。その違いは一律ではなく、切手によって異なっていますので、それが一層、分類を複雑にしています。

■ 輪転版と平面版の印面寸法（ミリ）

	輪転版	平面版
5厘	22.0 〜 22.2	21.5 〜 21.6
1½銭	22.1 〜 22.3	21.8 〜 22.0
3銭	22.1 〜 22.3	21.7 〜 21.9

●…他額面の旧大正毛紙との区別

この3種以外の切手のうち、30銭（＃161）、50銭（162）は旧大正毛紙とは異なり2色刷、7銭（171）は新しい額面なので区別は容易ですが、その他は、横の印面寸法を測るか、実物の旧大正毛紙切手と比較するかして分類する必要があります。しかし、横の印面寸法0.5ミリの差は肉眼でも分かりますし、切手によっては明らかに旧大正毛紙とは刷色が違うものもありますので、それほど分類に苦労することはないと思います。

●…目打・枠線・銘版

旧大正毛紙切手には目打が何種類かありましたが、新大正毛紙切手は1種類、全型の13×13½しかなく、また枠線も「かすみ罫」しかありません。銘版は3枚掛（97−99番）、輪転版、平面版ともすべて「大日本帝国政府内閣印刷局製造」です。

●…新大正毛紙のバラエティ

バラエティとしては、初期の一部の輪転版において、上の耳紙に目打が3つ抜けている切手があり、後期にはすべて1

■ 上の耳紙の３つ穴抜けと１つ穴抜け　この目打形式の違いは、輪転版６種のすべてにある。

初期の輪転版：上の耳紙に目打が３つ穴抜け。

後期の輪転版：上の耳紙に目打が１つ穴抜け。

■ 輪転版１½銭コイルの「花弁正常」と「花弁一部欠け」

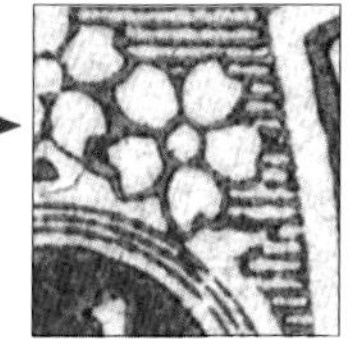

花弁正常

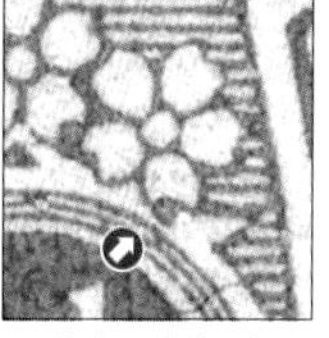

花弁一部欠け

つ抜けになります。この目打型式のバラエティは輪転版の６種すべてにありますが、３つ穴は少なく、さらに30銭、50銭、１円は稀少品です。

また、輪転版1½銭には「花弁正常」と「花弁一部欠け」があります。一部欠けは印面左側中央の花弁が一部欠けているもので、ほとんどが「花弁一部欠け」、「花弁正常」はごく初期のみに見られます。

新大正毛紙切手にはコイル切手もあります。コイル切手は1933年（昭和８）11月１日に、１½銭と３銭の２種がイギリス製の切手自動販売機で発売されました。日本で最初のコイル切手ということで、一部の収集家が注目しましたが、一般の利用は少なく、製造数も１½銭切手が６万枚、３銭切手が５万枚に留まっています。

このコイル切手１½銭にも「花弁正常」と「花弁一部欠け」があり、こちらの方も「花弁正常」が少なくなっています。

田沢型新大正毛紙切手　―消印・使用例―

消印のバラエティが豊富

この項目では、新大正毛紙切手の使用例と消印を見ていきます。旧大正毛紙切手時代に比べて、消印のバラエティが豊富になり、外地櫛型印、機械印、鉄郵印、ローラー印など、多くの種類の消印が楽しめます。

■ 新大正毛紙切手・各額面の主な使用例

	1926年（大正15）～1937年（昭和12）3.31	1937年（昭和12）4.1以降
5厘	第3種便、3枚貼はがき	1 ½銭はがきに加貼
1銭	第3種重量便、2枚貼開封書状	3枚貼開封書状
1 ½銭	はがき、2枚貼書状	2枚貼開封書状
3銭	書状、6枚貼書留訴訟書類、2枚貼外信はがき	開封書状
5銭	2枚貼外信書状	――
7銭	――（加貼用額面）	2枚貼書留書状
13銭	書留書状	――
25銭・30銭・50銭・1円	外信便	――

新大正毛紙切手が発行された1926年（大正15）から1937年（昭和12）までの郵便料金は、基本的に変化はありません。1933年（昭和8）に速達の基本料金が8銭に定められましたが、新大正毛紙に対応する切手はなく、富士鹿切手8銭などが使われました。

●…各額面の使用例

5厘切手は1937年（昭和12）4月1日、はがき料金が2銭に値上げされた時に、1½銭はがきに加貼して盛んに使われました。5銭は1枚貼の郵便使用はありませんが、非郵便で電話または電報の料金納入として使用されています。

外信はがき6銭料金は1925年（大正14）10月1日～1937年（昭和12）3月1日の料金で、普通は風景切手6銭が使われましたが、新大正毛紙3銭2枚貼の使用例もあります（❶）。25銭以上の高額切手はほとんどが外信便や航空郵便に使われました。1934年（昭和9）から日本と大陸間の航空便が開始され、書状の航空便は38銭（書状3銭＋航空料金35銭）で、新大正毛紙13銭と25銭の混貼（❷）が料金に合致します。新大正毛紙3銭と50銭貼の価格表記郵便（❸）もあります。

価格表記郵便は今の現金書留と同じで、封入された通貨の価格を封書に表記しなければなりません。昭和11年当時の価格表記料金は10円ごとに10銭でした。❸の封筒には40円と書かれていますので、価格表記郵便料は40銭、それに書留料10銭、書状料金3銭を加えて53銭となります。このように、貼ってある切

■ 新大正毛紙切手の使用例から

❶３銭２枚貼の外信はがき。鎌倉 昭和4.12.16。シベリア経由イギリス宛。

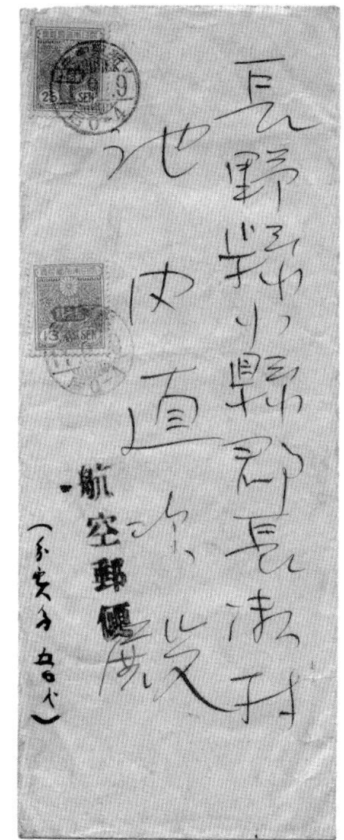

❷3銭と25銭混貼の書状航空便。新京中央 昭和11.9.9。朝鮮から長野県宛。

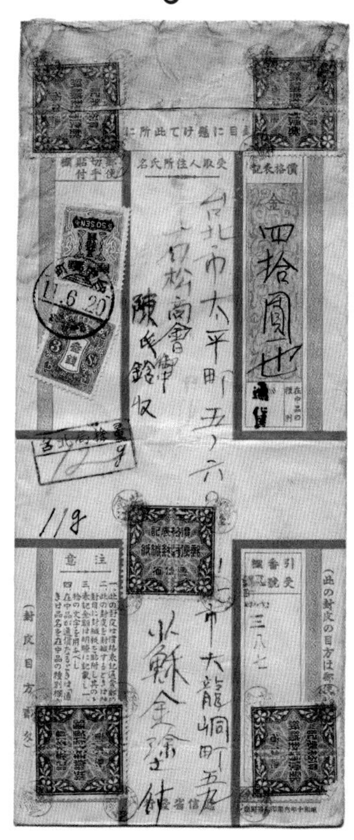

３銭と50銭混貼の価格表記郵便。台中郷町 昭和11.6.20。台北宛。台湾の島内郵便は珍しい。

手から郵便料金を調べてみるのも面白いものです。

…消印の変化を楽しむ

新大正毛紙切手の消印はバラエティが豊富ですが、旧大正毛紙時代と変わった点が２つあります。

▶…櫛型日付印の時刻表示

１つは櫛型印の時刻表示がＹ型(❹)からＺ型(❺)に変わったことです。Ｙ型は郵便局の局種によって、１時間〜３時間刻みに分かれていました。それが1930年(昭和５)12月１日から全部の郵便局で、「前0−8」から始まる４時間刻みに変わりました。それがＺ型です。

Ｙ型は新大正毛紙の早期使用しか見られないことになり、３銭以外は探すのに

■ 櫛型日付印のＹ型とＺ型

❹Ｙ型の時刻表示「前０−９」。静岡・大宮 昭和5.1.1。

❺Ｚ型の時刻表示「后０−４」。一関 昭和11.12.28。

＊Ｙ型は「前０−７」(Ｙ$_1$型)、「前０−８」(Ｙ$_2$型)、「前０−９」(Ｙ$_3$型)から始まる時刻表示で、以降はそれぞれ１時間、２時間、３時間刻み。Ｚ型は「前０−８」から始まる時刻表示で、以降は４時間刻み。

■ 櫛型欧文印C欄「JAPAN」から「NIPPON」へ

❻

❼
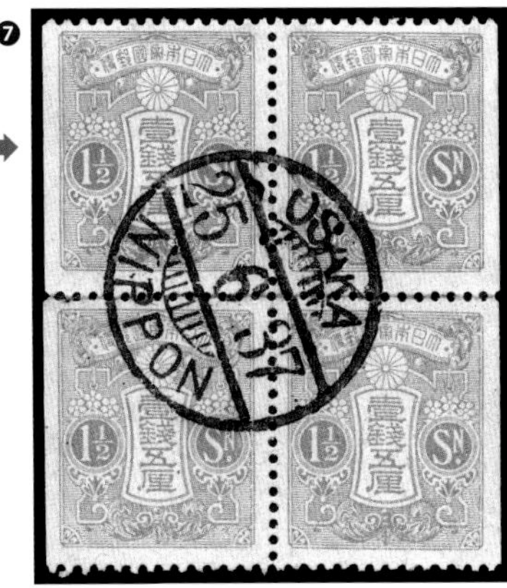

❻TOKIO 1933.12.12
C欄「JAPAN」表示。
❼OSAKA 1937.6.25。
C欄「NIPPON」表示。

少し苦労します。昭和５年以降発行の１銭、７銭、13銭と25銭にはＹ型は存在しません

▶…JAPANからNIPPONへ

もう１つの変化は、櫛型欧文印のC欄が「JAPAN」(❻)から「NIPPON」(❼)に変わったことです。これは1934年(昭和9)４月20日から使用開始ということですが、この日から一斉に変わったのではなさそうです。この櫛型欧文印には金属印とゴム印があり、印色も黒、青黒、青、紫と様々なものがあります。また、朝鮮、台湾、満州、船内ではそれぞれC欄が独自の表記になっています。

▶…外地の機械日付印

新大正毛紙の時代は郵便量が飛躍的に増大し、それを処理するために機械日付印が盛んに使われるようになりました。特に特徴的なのは昭和10年の元日に使われた台湾の年賀印です(❽)。日の丸と椰子の木を配した特別図案の年賀印で、翌年(昭和11年)にも年賀切手を貼って使われ、年賀郵便を集めている人には人気があります。

また、外地の機械日付印には、日付部に入っている模様に違いがあります。台湾は「台」の字を図案化(❽)、朝鮮は桐紋に〒を配し(❾)、満州(関東州)は桜に〒を配したもの(❿)となっています。

■台湾・朝鮮・満州の機械日付印より

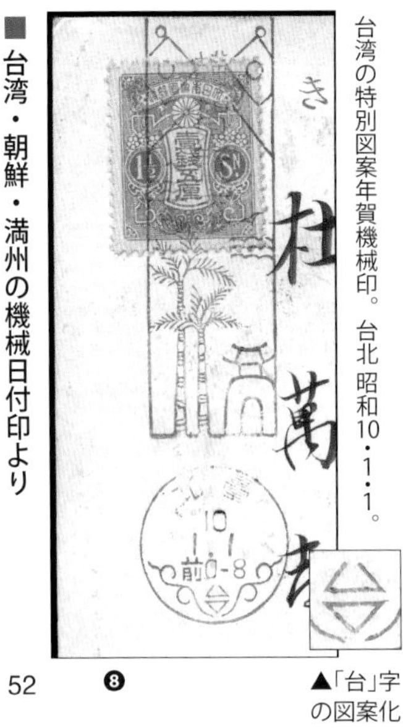

台湾の特別図案年賀機械印。台北 昭和10・1・1。

▲「台」字の図案化

❽

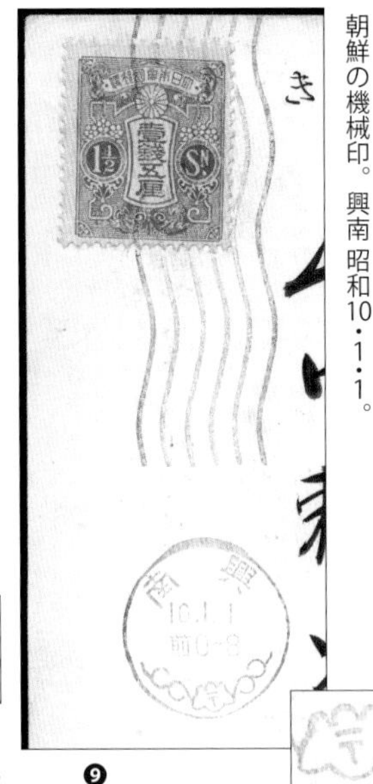

朝鮮の機械印。興南 昭和10・1・1。

◀桐紋に〒

❾

満州の機械印。大連中央 昭和8・1・1。

▲桜に〒

❿

リーフ紹介

■ 田沢型新大正毛紙切手30銭

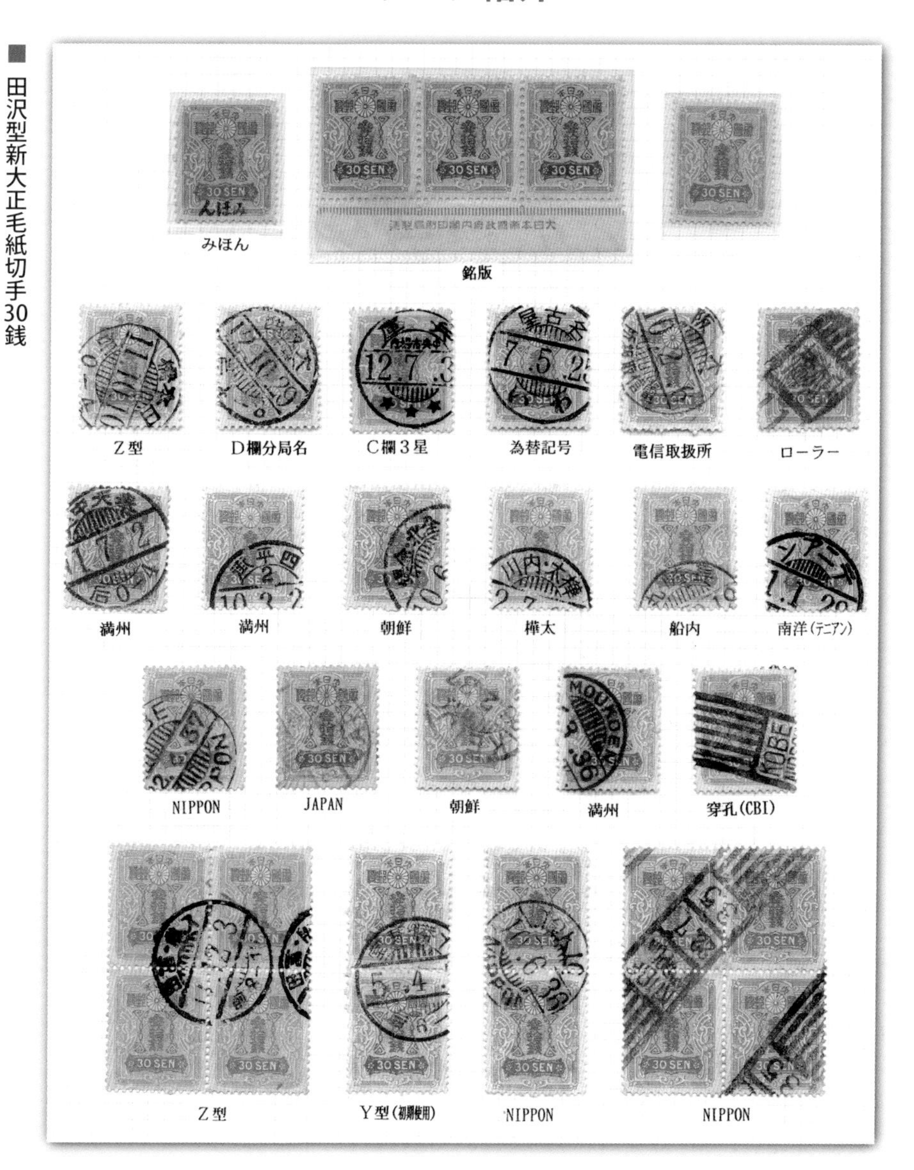

新大正毛紙30銭は輪転版しかありません。台切手が淡い黄色なので、消印が映えます。南洋などを含めた外地印が多く、日本が外地に盛んに進出したことを物語っています。

消印が切手に一部しかかかっていないものもありますが、とり合えずこれで間に合わせて、もっと良いものを入手したら交換するつもりです。

田沢型昭和白紙切手　―製造面―

第１次昭和切手の ピンチヒッター

昭和白紙切手は、発行が短期間で発行数も多くなく、３銭に色調変化が見られる程度と、バラエティに乏しい切手ですが、新大正毛紙切手と昭和切手双方の特徴を合わせ持つ、ユニークなシリーズです。

●…暫定的な田沢型の発行

田沢型切手は、発行されてから20年余りにもなるため、もっと時代に適した図案の切手を発行しようということになり、1937年（昭和12）３月11日、「郵便切手図案委員会」が設置されました。そして、切手は各額面ごとに異なった図案にして、決定したものから順次発行することになりました。

そうしたなか、同年４月１日から郵便料金が値上げされることになりました。この段階で、乃木希典大将と東郷平八郎元帥を図案とすることは決まっていましたので、それを第１種（封書）と第２種（はがき）に採用することにし、他の額面については、昭和切手の図案が出揃うまで、暫定的に従来の田沢型切手の図案のまま発行することになりました。そうして発行されたのが「昭和白紙切手」で、1937年５月頃から10月頃にかけて、12種が発行されました。

●…新大正毛紙との違いと共通点

「昭和白紙切手」が「新大正毛紙切手」と異なる点は２つあります。

■ 新大正毛紙５厘（輪転版）

用紙は着色繊維を漉き込んだ毛紙で、すかしはジグザグ線の「大正すかし」。

▼毛紙

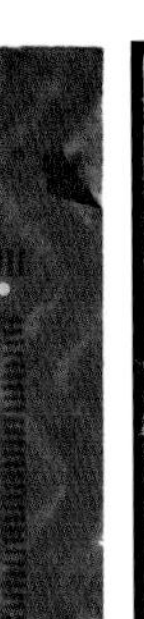

▲大正すかし

■ 昭和白紙５厘（輪転版）

用紙は着色繊維のない白紙で、すかしは直線と半円を組み合わせた「昭和すかし」。

▼白紙

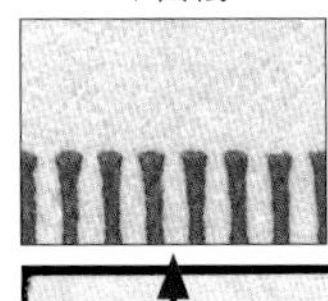

▲昭和すかし

＊左右の図版は透過光撮影

■ 昭和白紙3銭（輪転版）

■ 昭和白紙3銭（平面版）

上下左右に1つ目打が抜けている輪転版の全型に対し、平面版の目打は櫛型で、耳紙の上方のみに抜けている。

1つは用紙です。「新大正毛紙」は着色繊維を漉きこんだ用紙を使っていましたが、「昭和白紙」にはまったく新しい用紙が用いられました。この用紙は昭和切手に使われたのと同じものです。

次はすかしです。「新大正毛紙」はジグザグ線の「大正すかし」が入っていましたが、「昭和白紙」は直線と半円を組み合わせた「昭和すかし」に変わりました。

この「昭和白紙」も「新大正毛紙」と同様に、輪転版と平面版の両方で印刷されました。

■ 輪転版印刷
5厘　3銭　30銭　50銭　1円　コイル3銭

■ 平面版印刷
5厘　1銭　3銭　5銭　7銭　25銭

5厘と3銭に輪転版と平面版がありますが、その違いは切手のタテの印面寸法にあります。

■ 輪転版印刷　ヨコ18.5×タテ22.5ミリ
■ 平面版印刷　ヨコ18.5×タテ22.0ミリ

タテ0.5ミリの差は、切手によっては分かりづらいかもしれません。耳紙がついていて、下と左右どちらか1つ目打が抜けていれば輪転版、抜けていなければ平面版ですので、それらの切手と比較すれば判別しやすいと思います。また、全型目打である輪転版に対して、平面版は櫛型目打によるため、目打が上に貫通しています。

■ 昭和白紙の銘版

いずれも銘版は97番- 99番の3枚掛け。

銘版は「新大正毛紙」と同様、すべての切手が「大日本帝国政府内閣印刷局製造」。97番 ― 99番3枚掛けです。また枠線はすべて「かすみ罫」です（コイル切手を除く）。

…出現日と「みほん」の存在

「昭和白紙」は新切手とはみなされなかったため、発行日の告示はありませんでした。出現日ということでカタログに記載されていますが、１銭だけは1937年７月21日と明記されています。しかし、これは郵趣家がたまたま郵便局の窓口でこの日から発売していたのを確認した、という日付です。

そして、切手発行の告示がないのに「みほん」が存在します。全額面ではなく、５銭、７銭、30銭、50銭、１円の５種だけで、ゴム印で「みほん」と押したものが発行時以降に作られました。偽造防止のための着色繊維の漉き込みがなくなったことを、郵便局員に周知するための措置だと思われます。

■ 昭和白紙の「みほん」

昭和白紙切手の「みほん」切手。ゴム印で押印された。上の２種のほか５銭、７銭、50銭にも「みほん」切手が存在する。

…特殊な用途のコイル切手

コイル切手は３銭１種があり、その発行日は1938年（昭和13）８月26日となっていますが、これも告示によるものではありません。コイル切手というと自動販売機用…と思いますが、この３銭コイル切手は、民間会社・日本タイプライター製造の、郵便物に自動的に切手を貼る自動貼付機「スタンパル」のために作ったものです。コイル切手を逓信省がその会社に納めたのが８月26日ということで、それが発行日となっています。

■ コイル切手 昭和白紙３銭

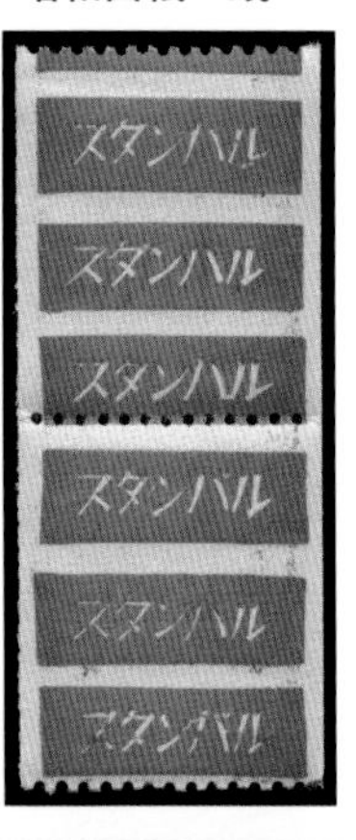

◀コイル切手のリードペーパー

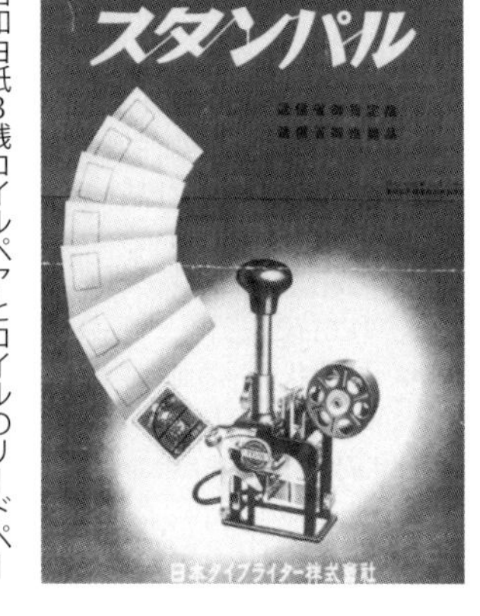

昭和白紙３銭コイルペアとコイルのリードペーパー。「スタンパル」用だったことが分かる。右は民間会社による自動貼付機スタンパルの広告。

従って、このコイル切手は郵便局の窓口では販売されず、収集家がその会社から１巻500枚単位で買って、小分けしたものがいま市場に出回っています。

収集メモ 田沢型昭和白紙25銭以上は銘版の収集が難しいといわれますが、幸運にも15年ほど前、全種を揃えることができました。それ以来、「チャンスは必ず一度はある」を収集の信条にしています。

田沢型昭和白紙切手　―消印・使用例―

第１次昭和切手との混貼使用例も面白い

田沢型昭和白紙は、第１次昭和切手のフォアランナーとでも言うべき性格を持ったシリーズです。混貼など、第１次昭和切手と関わりのある使用例の中から、思わぬ"珍品"が見つかるかもしれません。

■ 1937年（昭和12）の郵便料金改定

料金改訂日	第１種・有封／無封	第２種	第４種＊
1937年（昭和12）.4.1	20gごと**４銭** ／ 120ｇごと**３銭**	**２銭**	120ｇごと**３銭**
（カッコ内旧料金）	（15gごと**３銭**）／（35gごと**２銭**）	（**1 1/2銭**）	（110ｇごと**２銭**）

＊書籍、帳簿、印刷物、写真、書画、営業用見本、業務用書類、学術標本など

1937年（昭和12）４月１日、上のように郵便料金が改定されました。第２種は38年ぶりの値上げです。この改定に合わせ、新しい図案の切手発行が予定されていましたが、選定作業が遅れたため、暫定措置として昭和白紙が発行されたことは、前に述べました。

●…昭和白紙の使用例と消印

では、額面ごとの使用例、そして消印を見ていきます。

▶…**５厘切手**：楠公はがき１½銭の加貼用（❶）として広く使われましたが、朱印船５厘の発行が比較的早く、昭和13年（1938）以降は姿を消していきます。また、郵便料金改定でも第３種の基本料金５厘は変わりませんでしたので、１枚貼で使われています。

▶…**１銭切手**：２枚貼私製はがき（❷）、４枚貼封書がありますが、乃木２銭、東郷４銭が一般的に使われていますので、特殊な使用例かもしれません。１銭は第３種の重量便料金にも該当しました（❸）。

❶

❷
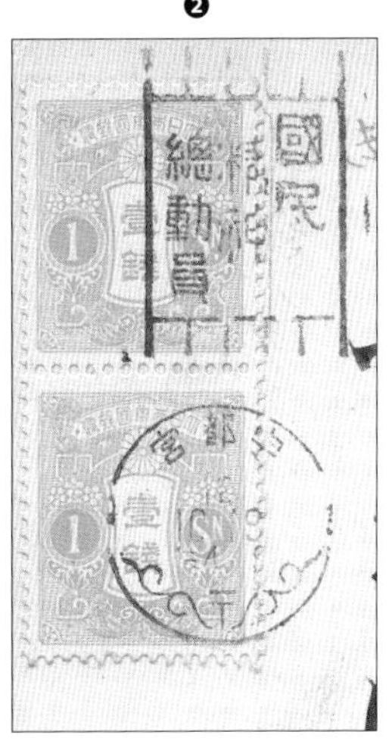

❶楠公はがき１½銭に加貼された５厘（部分）。台湾・基隆 昭和12.11.24。標語は「航空日本の建設は愛國切手で」。❷１銭２枚貼私製はがき（部分）。宇都宮 昭和12.10.19。標語は「國民精神總動員」。

▶…**３銭切手**：無封書状と第４種が一般

❸

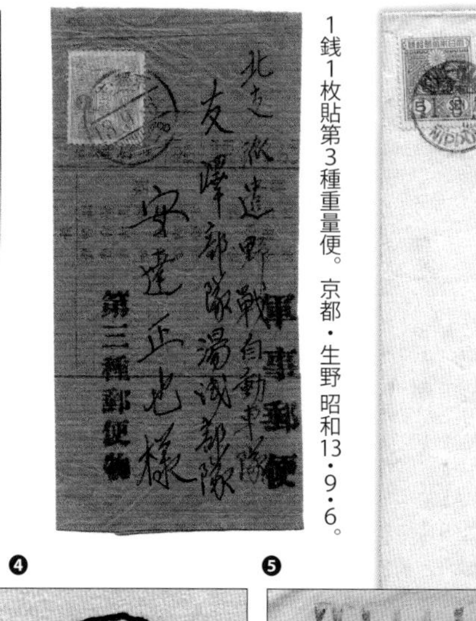

1銭1枚貼第3種重量便。京都・生野 昭和13・9・6。

❻

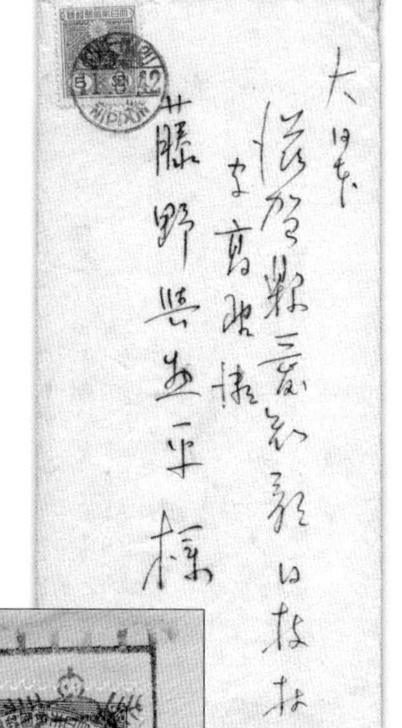

❼

❹

❺

❹東山 昭和13.1.1。
年賀用櫛型印（水仙）。
❺京橋 昭和13.1.1。
年賀用機械印（鏡餅）。

❻ 5銭1枚貼船内郵便。KOBE-MARU 1942.8.11 C欄NIPPON。上海差出（国内料金）。
❼ 7銭2枚貼書留書状。横濱平沼 昭和12.11.8。

的です。水力発電所3銭の発行が2年半後ということもあり、数多く使われました。「第4種」と表記している場合が多いですが、書いていない場合でもやや大きい封筒は、「第4種」と考えたほうがよさそうです。また3銭切手は昭和13年の年賀封書にも使われました。図入り年賀印（手押し、機械）が押してあるエンタイアは人気があります（❹❺）。

▶… **5銭切手**：発行当初、適応する料金はありませんでしたが、5年後、1942年（昭和17）4月1日に封書が5銭に値上げされた時の使用例があります。5銭切手1枚貼「1942.8.11 KOBE-MARU」の船内郵便は、少し変わったエンタイアです（❻）。

前ページの改定表にはありませんが、外国料金も昭和12年4月1日に10銭から20銭に値上げされました。第1次昭和切手「富士と桜20銭」の発行は1940年（昭和15）2月1日ですので、富士鹿切手20銭が使われていましたが、昭和白紙切手5銭の4枚貼外信書状もあります。

▶… **7銭切手**：1枚貼の適用使用はあ

❽昭和白紙30銭＋東郷４銭貼航空便。若津 昭和13.10.12。朝鮮宛。❾昭和白紙３銭＋稲刈り１銭貼書状。東京盛岡間（鉄道郵便）昭和14.2.1。

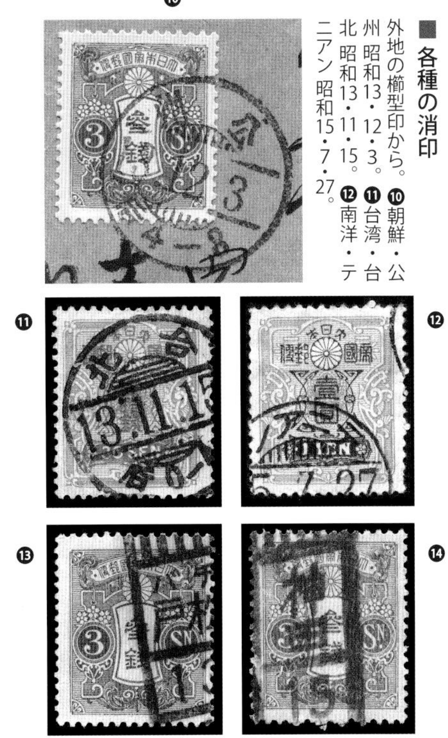

■各種の消印

外地の櫛型印から。❿朝鮮・公州 昭和13・12・3。⓫台湾・台北 昭和13・11・15。⓬南洋・テニアン 昭和15・7・27。

不統一期のローラー印から。⓭チバ（千葉）松戸 昭和13.－。⓮神田 昭和15.－。

りません。書留料金10銭は1937年（昭和12）４月１日の郵便料金改定の際には変更されませんでしたので、書留書状料金は14銭となりました。そこで７銭２枚貼の封書書留が存在します（❼）。

▶…**25銭以上の高額切手**：外国郵便に混貼使用されるケースが多くなりますが、30銭だけは「航空郵便」用と目的がはっきりしています（❽）。特に軍事航空郵便に多く使われました。軍事郵便は一般の航空便と異なり無料で、本土と朝鮮・台湾相互間の航空料金の30銭分のみが切手で支払われました。

▶…**第１次昭和切手との混貼**：昭和白紙は第１次昭和切手とほぼ同時期に発行されていますので、昭和切手との混貼使用を収集するのも面白く、いろいろな使用例が考えられます（❾）。

▶…**消印**（❿～⓮）：バラエティが少なく、消印だけで１リーフを作るのは大変かもしれません。櫛型印ではいわゆる外地（台湾、朝鮮、満州、樺太、南洋）の消印が見られますが、非郵便印がほとんど。和文ローラー印は高額切手以外にあり、局名縦書きがやや多く、県名カタカナ入りも時々見かけます。欧文櫛型印はC欄NIPPONに統一され、ほとんどの額面に存在しますが、数は余り多くありません。

富士鹿切手　―製造面・消印―

2種の使用済収集がポイント

富士鹿切手は、日本切手の中で最初に富士山を描いた切手。テーマティク収集でも人気があるといいます。もともと外国郵便料金用の発行ですから、富士山が描かれたのも偶然ではないでしょう。この富士鹿切手の改色・旧版と改色・新版の8銭2種に注目し、収集のポイントを探ってみます。

●…敬遠される富士鹿切手

富士鹿切手を専門に収集している人は、あまり多くないと思われます。過去の全国切手展をみても、数年に1度くらいの割合でしか、作品に出会ったことがありません。むしろ、日本切手の中で、富士鹿切手だけを"敬遠"している人が多いのではないか、とさえ思えるほどです。

そういう人に話を聞くと…、「富士鹿切手には、難しい切手が含まれているから」という答えが返ってきました。確かに、難しい切手が富士鹿切手の中にはあります。それは、改色・旧版8銭と昭和毛紙20銭です。この2種はマテリアルが少なく、1リーフを作るのも困難です。

■ 改色・旧版8銭と新版8銭の印面寸法

改色・旧版8銭　　改色・新版8銭

しかし、見方によっては、この2種さえ"攻略"できれば、富士鹿切手全般を"征服"することにもなります。

●…改色・旧版8銭の"攻略"

では、この2種をどうしたら"攻略"できるか、そのヒントを述べたいと思います。まず、改色・旧版8銭。富士鹿切手の一覧表(右下)をご覧ください。

この改色・旧版8銭と似ているのが、改色・新版8銭です。両者は刷色が同じ黄茶系で、用紙も毛紙。では、旧版と新版の違いとは？

それは、田沢型切手「旧大正毛紙」と「新大正毛紙」の違いとまったく同じです。富士鹿切手はすべて平面版印刷ですが、ちょうどこの頃、ゲーベル印刷機が導入され、印面寸法が旧版に比べ、縦・横とも0.5ミリほど短くなりました。この短くなった版を新版といっています。

両者には印面上の違いもあり、『普専』で説明され、図版も出

■ 富士鹿切手一覧表

額面ほか
4　銭
8　銭
20　銭
発行(出現)日
標準印面寸法
用　紙

ていますが（次㌻・コラム参照）、未使用ならば寸法を測ることをお薦めします。手元に定規がなくても、切手を重ねて比べればすぐ分かります。

改色・旧版８銭の発行は1929年（昭和4）９月１日、改色・新版８銭は1930年（昭和５）６月17日に発行されました。その間、９ヵ月しかありません。それが、改色・旧版８銭の現存数が少なく、収集を難しくしている要因ですが、使用済の場合は、昭和５年までの消印であれば、改色・旧版の可能性が大ということになります。昭和４年の消印でしたら100パーセント改色･旧版ですので、まず年号を調べてみてください。

８銭黄茶の富士鹿切手は、ずっと後の1937年に昭和白紙が出現していますが、こちらは用紙が白紙ですので簡単に見分けがつきます。

…昭和毛紙20銭の“攻略”

昭和毛紙20銭も超短期間の使用です。発行が1937年（昭和12）４月１日、次の昭和白紙20銭の出現が同年の５月ですから、１ヵ月余りしかありません。

両者は刷色が同じ青ですが､用紙に「着色繊維（毛）が漉きこんであるかどうか」で判別できます。しかし、昭和毛紙は漉きこみが少なく、やや見えにくい場合もあります。

■ 昭和毛紙20銭と白紙20銭の裏面

昭和毛紙20銭　（着色繊維を漉きこみ）

昭和白紙20銭　（漉きこみなし）

拡大

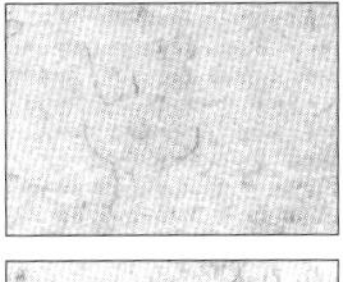

昭和毛紙は着色繊維を漉きこむとともに、大正すかしが入っている。昭和白紙は、写真では見えにくいが、昭和すかし入り。

◀旧版20銭の漉きこみ。漉きこみ具合が多い。

1922年発行の旧版20銭も、やはり毛紙で刷色は同じ青ですが、漉きこみ具合が多いので、すぐに区別が付きます。

昭和毛紙20銭の場合、未使用はそこそこ数がありますが、使用済は本当に少なく、材料を見つけるのに苦労します。『普専』の評価は未使用、使用済とも7,000円となっていますが、消印の読め

▼1925.10.1 外国郵便料金改定（旧版／改色・旧版の間）　▼1937.4.1 外国郵便料金改定（改色・新版／昭和毛紙の間）

旧　版	改色・旧版	改色・新版	昭和毛紙	昭和白紙
にぶ黄緑	赤味橙	橙　1931.12.7	にぶ緑	にぶ黄緑 1937.5.11
赤	灰味黄茶	黄　茶　1930.6.17	（UPU色の発行なし）	黄　茶　1937.7.20
暗い青	茶　紫	にぶ赤紫 1931.11.22	暗い青	暗い青　1937.5.−
1922（大正11）.1.1	1929（昭和４）.9.1	上欄参照（昭和５～６出現）	1937（昭和12）.４.１	上欄参照（昭和12出現）
←ヨコ18.8ミリ×タテ22.7→		←ヨコ18.3ミリ×タテ22.1→		
←毛紙（大正すかし）→				←白紙（昭和すかし）→

□：外国郵便料金対応のUPU色切手　□：改色・旧版８銭　□：昭和毛紙20銭

■ 攻略の成果─改色・旧版８銭と昭和毛紙20銭の使用済

▶改色・旧版８銭

銚子・昭和８年
C欄為替

KOBE・193?年
欧文櫛型印（ゴム印）

船内印

穿孔入り（C.B.I.）

▶昭和毛紙20銭

世田谷・C欄為替

昭和12年・時刻Z型

欧文櫛型印（ゴム印）

船内印

る使用済は、未使用よりも高価に取り引きされています。むしろ、改色・旧版８銭の使用済よりも少ないかもしれません。

＊

富士鹿切手は1922年（大正11）１月１日の外国郵便料金の改定によって生まれました。それまでの田沢型切手に代わって、封書20銭、はがき８銭、印刷物４銭に合う３額面の切手がUPU色で発行されました。

しかし、その後、郵便料金の改定に伴い、一度は３額面とも外国郵便料金から外れ、次の改定で４銭と20銭が再び対応料金となります。

富士鹿切手は、田沢型切手と第１次昭和切手のはざまにあって、郵便料金の改定、印刷方式、用紙の変更という、“数奇な運命”に振り回された切手といえそうです。

コ・ラ・ム

この改色８銭は…

旧版？
それとも
新版？

上は富士鹿８銭（黄茶・毛紙）の、舞鶴・昭和５年櫛型印消。新版発行後まもなくで、消印からは新旧の区別は付かないが、印面寸法を測ると、旧版と判明した。また、印面上の違いからも、それが確かめられる。

印面上の違い

改色・旧版８銭

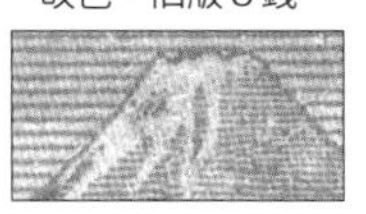

改色・新版８銭

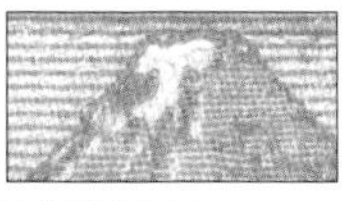

▲富士山の山頂付近の印影が異なる。

▲「銭」の偏、「Ｓ」最終端の向きが異なる。

リーフ紹介

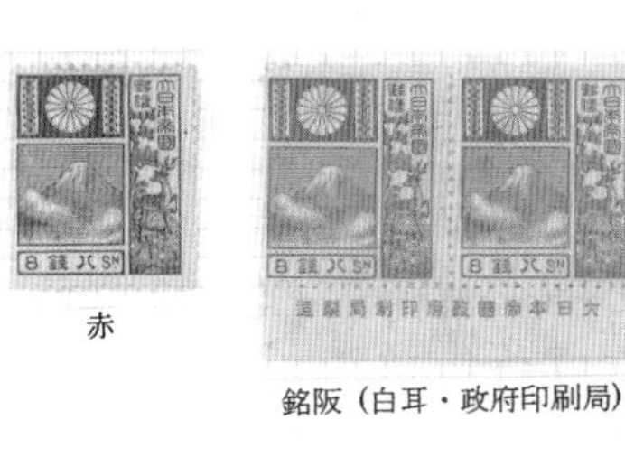

赤

銘版（白耳・政府印刷局）

銘版（かすみ罫・内閣印刷局）

明るい赤

Y型

C欄三星

C欄為替

南洋

標語

櫛型外郵

櫛型外郵(ゴム印)

外郵ローラー

外国局

ローラー

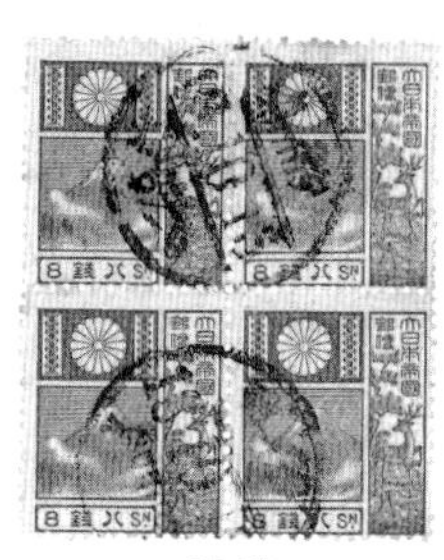

Y_1型

富士鹿切手の最初に発行された３種の内の１種で、８銭は外信はがき用です。銘版は４種類もあり、政府銘２枚掛け〈太かすみ罫〉、内閣銘２枚掛〈細かすみ罫〉がここでは欠けています。旧版３種の内で、最も消印を集めるのに苦労する額面で、消印のバラエティも少なく、未使用を入れて１リーフを作るのがやっとです。

風景切手　―製造面・使用例―

２銭の版式分類と昭和毛紙10銭に注目！

風景切手は前項で取り上げた富士鹿切手と同様、外国郵便料金用に発行された切手です。収集のポイントも富士鹿切手と似たところがあります。そこで、風景切手も２点に絞って、シリーズの弱点攻略を考えてみましょう。

1922年（大正11）、外国郵便料金の値上げに対応し、富士鹿切手が発行されました。しかし、その額が高すぎると、1925年（大正14）10月１日、ストックホルムの第８回郵便大会議で値下げが決定されます。

そこで、新しい外国料金用の切手が必要になり、1926年（大正15）７月５日に発行されたのが風景切手です。切手は、UPU色による２銭富士山（緑）、６銭日光陽明門（赤）、10銭名古屋城（青）の３種でした。

●…２銭の版式を区別する

２銭は外信印刷物に使用されましたが、発行当時から国内の第１種無封書状と第４種の基本料金に該当する切手でもありました。1931年（昭和６）に、郵便料金表示の尺貫法（匁・もんめ）がメートル法（グラム）に変更される頃から、２銭切手の需要はさらに高まります。平面版の印刷に変わって、大量印刷のできる新たな印刷機で製造を始め、1932年（昭和７）６月頃に出現したのが、風景切手唯一の輪転版による切手です。

■ 風景切手２銭　平面版と輪転版の区別

▶平面版

▶輪転版

下耳付きの場合、平面版は目打が飛び出しておらず、かすみ罫がつながっている。また、銘版は３枚掛け。輪転版は目打が１つ飛び出し、かすみ罫が切れ、銘版２枚掛け。

外国郵便物（UPU色）

- 印刷物（緑）
- はがき（赤）
- 封　書（青）
- 版式・用紙等

そのため、２銭切手は平面版と輪転版を区別しなければなりません。耳紙付きの場合は、目打の抜け方、罫線（かすみ罫）の切れの有無、あるいは銘版が３枚掛け（平面版）か２枚掛け（輪転版）かなどで、容易に区別することができます（前ページ）。

耳紙が付いていない場合は、印面の縦寸法を測らなければなりません。横は22.5ミリで同じですが、縦は平面版が18.4ミリ、輪転版が18.2ミリと0.2ミリの違いがあります。この違いは定規で測るのは少し無理かもしれません。切手どうしで比べてみることをお薦めします。

……風景切手２銭平面版　……輪転版

（150%）

一般に輪転版は、平面版に比べて印面寸法が長くなっていますが、この風景切手ではそれが逆になっています。平面版は印面の左下コーナーにインキの滲みがあったり、刷色も輪転版の方が幾分、淡い黄緑色が多い、などという見分け方もありますが、決定的ではないようです。

消印で昭和７年（1932）６月以前ならば、当然平面版ですが、平面版は輪転版と並行して製造されていたようで、昭和７年以降も多く存在します。

●…昭和毛紙10銭を探す

その後、1937年（昭和12）４月１日になって、今度は封書20銭、はがき10銭、印刷物４銭へと、外国郵便料金が値上げされます。この時は、青色の名古屋城図案10銭切手を赤色に改色し、はがき料金として発行しました。これが昭和毛紙10銭で、その他の額面には、昭和毛紙の富士鹿切手が再び使われました。

風景切手で注目したいもう１点は、この昭和毛紙10銭です。というのは、同年翌月５月15日、用紙を変えて白紙も発行されているからで、この辺の事情は富士鹿切手とまったく同じです。

昭和毛紙10銭の適正使用は１ヵ月半。使用済（消印）を収集するのは大変な努力を必要とします。白紙に見えても念のため、裏面を見てください。着色繊維（毛）が少しでも入っていれば昭和毛紙ですが、目立たない切手も多くあり、見落としがちです。

昭和白紙10銭１枚貼外信はがきとし

■ 外国郵便料金の変遷と対応のUPU色切手

▼1922.1.1 外国郵便料金値上げ	▼1925.10.1 外国郵便料金値下げ	▼1932.6. 出現 輪転印刷機による製造	▼1937.4.1 外国郵便料金値上げ	▼1937.5. 用紙を変えて発行
4銭 富士鹿４銭	**2銭** 風景２銭	風景２銭（輪転版）	**4銭** 富士鹿４銭	富士鹿４銭
8銭 富士鹿８銭	**6銭** 風景６銭 →	平面版も継続使用	**10銭** 風景10銭＊	風景10銭＊
20銭 富士鹿20銭	**10銭** 風景10銭		**20銭** 富士鹿20銭	富士鹿20銭
富士鹿・旧版	風景・第１次平面版	風景・第１次輪転版	昭和毛紙	昭和白紙

＊印の10銭は刷色を青から赤に改色。印刷は平面版。

て販売されていたもののなかから、昭和毛紙を見つけ出すケースもあります。マージンに毛が少し見えるようでしたら、ルーペで確認するようにしてください。

また、10銭２枚貼の外信書状（下）の消印は昭和12年10月16日の日付で、普通考えれば昭和白紙の時期ですが、現物は昭和毛紙でした。

…その他の風景切手

10銭と同じ頃に出現した、昭和白紙６銭の発行目的は分かりません。使用例も第１種便無封（３銭）の２倍重量便、２枚貼速達便がある程度で、消印のバラエティも多くはありません。それに対して、昭和白紙10銭は消印、使用例とも豊富です。

とくに、外国郵便、外地局、PAQUE-BOT（船内投函郵便）の消印が多いのが特徴でしょう。右のような３枚貼軍事航空便（第四十野戦 13.11.22）という少し変わったマテリアルもあります。

また、1937年（昭和12）４月１日、国内はがきが２銭になり、乃木２銭が５月10日に発行されますが、しばらくは風景２銭が広く使われました。そのため、１枚貼私製はがきが多数存在します。（それが、乃木２銭の初期使用を少なくした原因かもしれません。）

＊

風景切手は外国郵使用ということで、これまでにない横型の切手でした。また田沢型切手を中心に装飾文様を中心とした切手が多いなかで、正面から風景を描いた最初の普通切手でもありました。この傾向は、昭和切手に引き継がれてゆくことになります。

■ 風景切手10銭　昭和毛紙・白紙の使用例

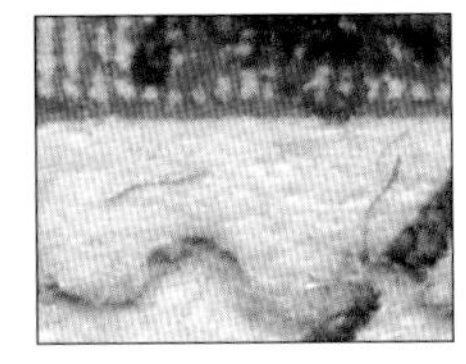

昭和毛紙10銭は、着色繊維が少なく、見落としがち。左の外信書状は昭和12年10月16日の消印で、昭和白紙の時期だが、ルーペで確認すると着色繊維がわずかに見え、毛紙と判明。

昭和白紙10銭３枚貼の軍事航空便。消印（左）は「第四十野戦（昭和）13.11.22」。

リーフ紹介

■風景切手 昭和毛紙10銭

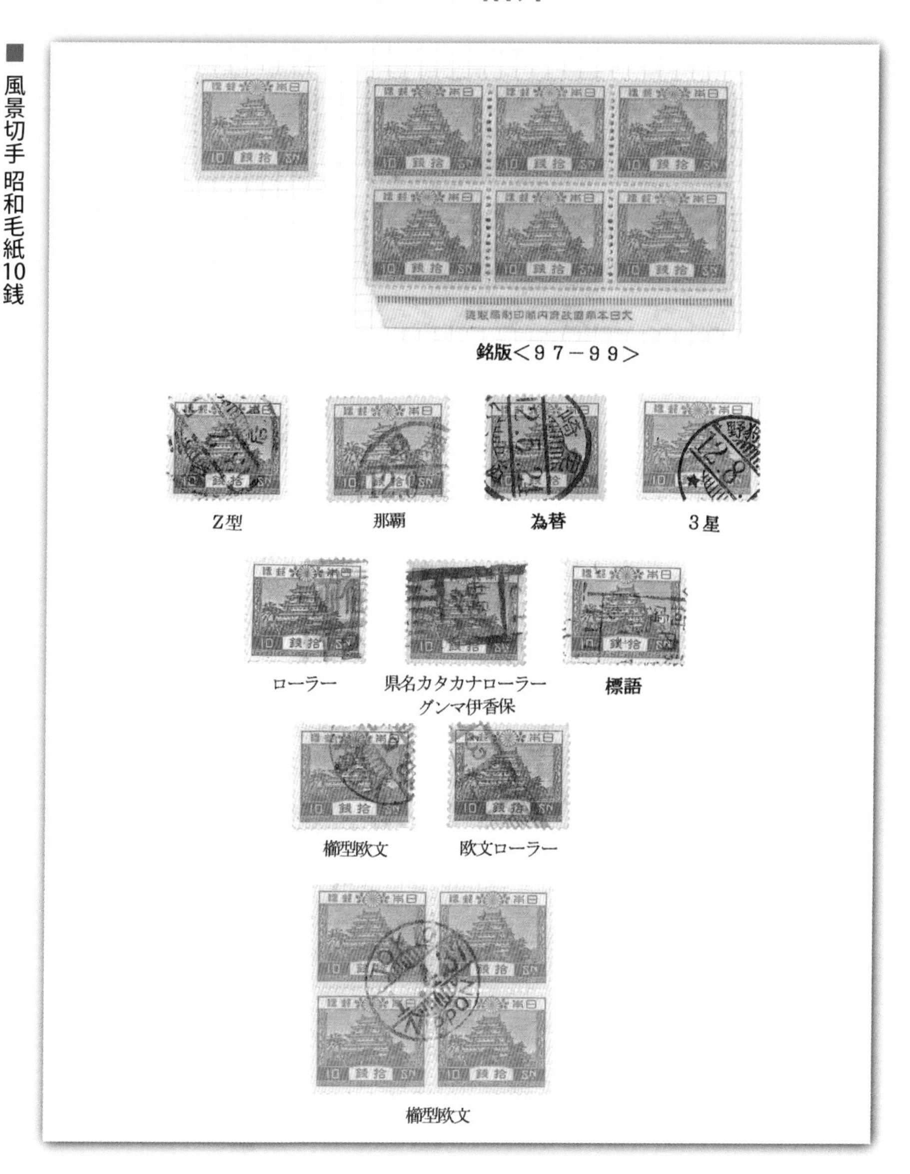

風景切手 昭和毛紙10銭の消印の収集には苦労します。未使用は容易に入手できますが、消印はほとんど見かけません。それもそのはず、適用使用期間は１か月半しかありません。発行は昭和12年４月１日、風景切手 昭和白紙の発行が同年５月15日です。この切手の使用済のカタログ評価が未使用の２倍近くになっているのも頷けます。

震災切手 ―製造面―

大阪印刷と東京印刷の分類がポイント

震災切手はかつては、タイプ別に分類されてきましたが、『普専』では、まず大阪印刷と東京印刷に分けて分類されています。製版方法が異なるのに加え、大阪印刷と東京印刷の希少性が大きく違っているからです。

1923年（大正12）９月１日の関東大震災で、東京の切手倉庫は全焼、印刷局も壊滅的被害を受けて、切手の配給が不可能となりました。そこで、逓信省は応急に大阪の民間印刷会社で切手を印刷することにし、９種類の額面からなる暫定切手（すなわち震災切手）が10月25日に発行されました。

翌年春には東京の民間会社でも印刷が可能となったため、５厘と４銭を除く７種が東京で追加印刷されました。大阪と東京で印刷された切手は、図案は同じですが、製版方法が異なるため、現在では別のジャンルに分類されています。

●…“大阪”と“東京”の見分け方

従来はタイプ別にⅠ～Ⅳに分けられていましたが、『日専・戦前編 2011-12』以来、まず大阪印刷と東京印刷に分けるようになり、『普専』でも発行数が多かった大阪印刷の１½銭と３銭を、さらにタイプ別に分類しています。

『さくら日本切手カタログ』はまだ大阪印刷、東京印刷の分け方はしていませんが、昭和白紙が輪転版と平面版に分類されているように、将来は分けられるかもしれません。その理由のひとつに、両者の希少性が異なることが上げられます。例えば、未使用の評価は以下のようになっています。

額面	大阪印刷	東京印刷
１½銭	1,300円	45,000円
８銭	10,000円	20,000円
20銭	14,000円	18,000円

大阪印刷と東京印刷の各額面の見分け方は、『普専』に詳しく掲載され、右㌻にそれを実物切手で示してみました。

●…大阪印刷のバラエティ

印面バラエティも大阪印刷、東京印刷に存在しますが、ここでは従来から知られている大阪印刷の一例を掲載します（70㌻参照）。

このほか変種としてダブルプリント（二重印刷）が各額面に存在しますが、未使用では未確認の切手も多いようです。

各額面に存在するダブルプリント。10銭・20銭はすぐにそれと分かる。

■ 震災切手・大阪印刷と東京印刷の見分け方

■1銭5厘切手

東京印刷では、左トンボ尾部上方の点が無い（この特徴は8銭までの額面に共通）。また、印面右側中央の桜の花弁が大阪印刷では不完全であるのに、東京印刷では完全。

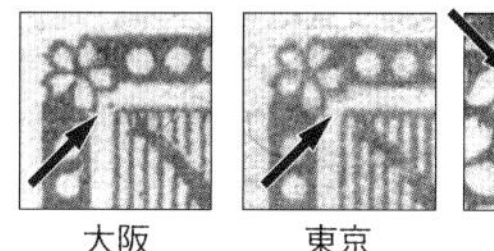
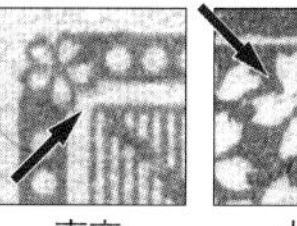
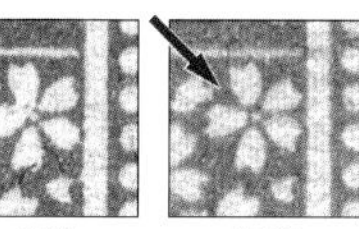

大阪　東京　大阪　東京

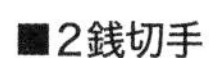

■2銭切手

東京印刷では、左トンボ尾部上方の点が無い。印面右側中央の桜の花弁が、大阪印刷では不完全であるのに、東京印刷では完全。さらに、東京印刷では、額面数字の2が桜の幹より左に出ている。

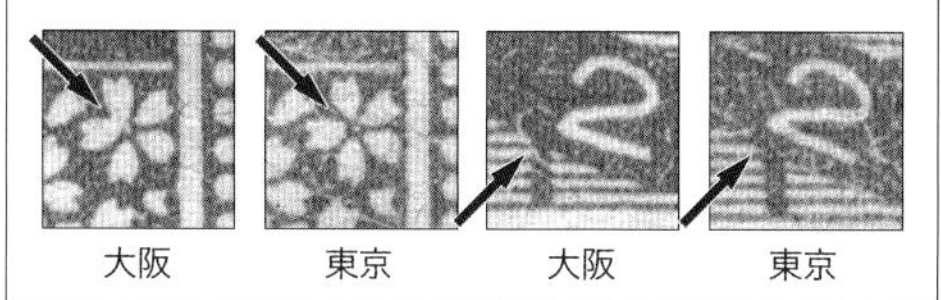

大阪　東京　大阪　東京

■3銭切手

東京印刷では、左トンボ尾部上方の点が無い。印面右側中央の桜の花弁が、大阪印刷では不完全であるのに、東京印刷では完全。

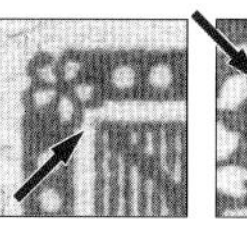
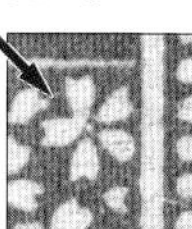
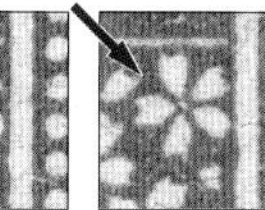

大阪　東京　大阪　東京

■ 5銭切手

東京印刷では、左トンボ尾部上方の点が無い。大阪印刷では、印面右側下方の桜の下向き花弁に点があるのに、東京印刷にはこれが無い。印面下部の円弧状部分の右側にある白い筋が、東京印刷では大阪印刷より長い。

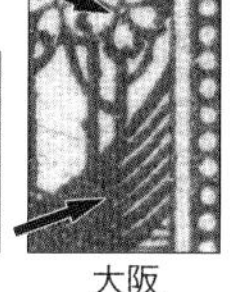
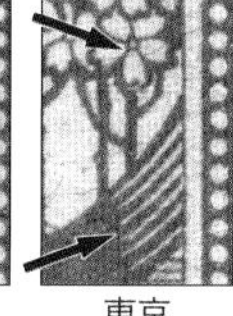

大阪　東京　大阪　東京

＊当ページに示した印面の特徴のほか、どの額面も横幅は東京印刷が0.2～0.4ミリほど大阪印刷より広く、また着色繊維も東京印刷の方が繊維は長く、大阪印刷には少ない赤の着色繊維が多い。

■ 8銭切手

東京印刷では、左トンボ尾部上方の点が無い。印面右側下方の桜の下向き花弁に、大阪印刷では点があるのに、東京印刷にはこれが無い。印面下部の円弧状部分の、右側にある白い筋が東京印刷では大阪印刷より長い。

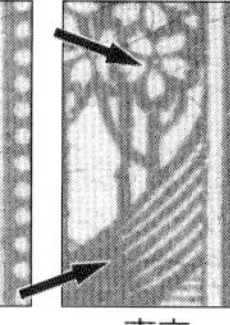

大阪　東京　大阪　東京

■10銭切手

東京印刷では、「銭」の文字は、やや高い位置にある。「十」の文字は、両隣の文字のほぼ中間にある。また、Nの文字は、大阪印刷より短く、下図に示すように右寄りにある。

大阪

東京

■20銭切手

東京印刷では、Sの下部ループが尖っている。これに対して、大阪印刷では、やや平たくなっている。また、東京印刷では、Nの左縦画がわずかに短い。Nの文字は、大阪印刷に比べて短くなっている。

大阪

東京

▼5厘、4銭は大阪印刷のみ。

震災

◎…できるだけ広いマージンを

震災切手は無目打、糊なしですが、切り取り用に点線が印刷されています。点線部分で切手周囲を切り取りますと、切手のマージンが広い状態になります。フルマージンという言い方は、カタログによっては「点線部分が100個以上見えるもの」と記述してありますが、そこまでいかなくても、できるだけマージンが広いものをコレクションに加えたいものです。民間印刷ですので銘版はありませんが、上部の耳紙が広いので、私は耳紙付きで全種を揃えています(右)。

震災切手には目打やルレットが施されているものを時々、見かけますが、いずれも私製ですので、特に他の切手と区別する必要はないかもしれません。

３銭切手の私製目打

■ 大阪印刷・耳紙付き全種

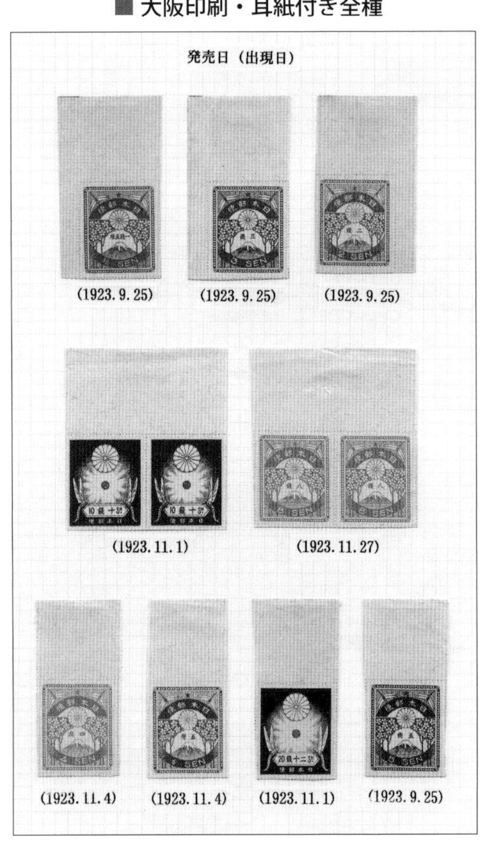

上部の耳紙付きで、大阪印刷全種をリーフに整理した例。

■ 大阪印刷の印面バラエティより

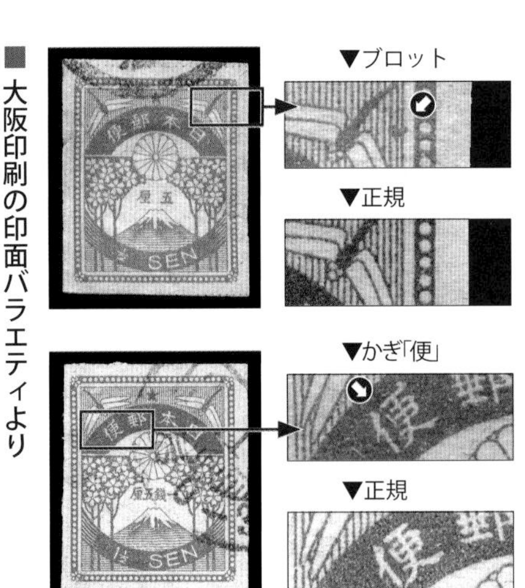

■ 20面小型シートの見本

正式発行の前に制作された20面構成の小型シートの見本。逓信省内部や報道機関への周知用などに使われたとみられ、その数は極めて少ない。

リーフ紹介

■ 震災切手大阪印刷2銭

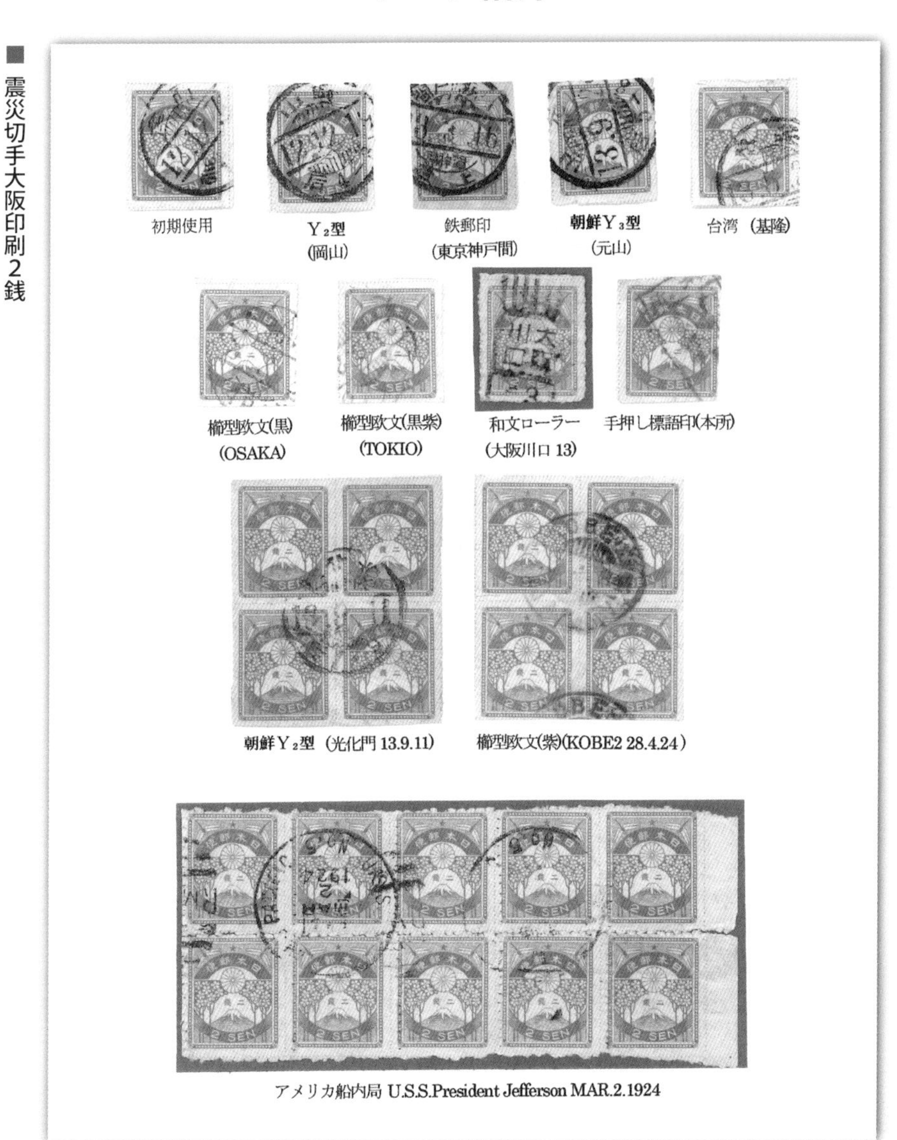

震災切手の消印は比較的多く残っていますが、額面によってブロックが極端に少ないものがあります。最も少ないのは１½銭です。１½銭の田型使用済は滅多に見かけません。

２銭の田型はそこそこありますが、このリーフの下段の10枚ブロックは珍しいのではないかと思います。消印がアメリカ船内局で「U.S.S.Presiden Jefferson」となっています。

震災

震災切手　―消印・使用例―

使用期間が限定された切手

震災切手の場合、貼ってある切手が大阪印刷か東京印刷かで、評価が大きく違ってきます。大阪印刷では一般的な使用例や消印でも、東京印刷になると大変珍しいというケースがたくさんあります。それだけ震災切手は、他の分野の切手以上に奥の深い部分のある切手といえそうです。

■ 震災切手・各額面の主な使用例

額面	使用例
5厘	第3種便(帯封)、3枚貼はがき、4枚貼無封書状❶
1½銭	はがき、2枚貼有封書状、4枚貼書状重量便❷
2銭	無封書状、第4種便❸、2枚貼外信書状
3銭	第1種便(有封書状)、2枚貼書状重量便❹
4銭	外信印刷物❽、無封書状重量便❺、2枚貼外信はがき
5銭	2枚貼書留書状、3枚貼訴訟書類
8銭	外信はがき❼
10銭	書留書状❻、2枚貼外信書状、3枚貼外信書状重量便
20銭	外信書状❾、2枚貼外信書留書状

●…後期使用にも注目

関東大震災で被災した印刷局が復旧して、大正13年(1924)春には正規の切手(旧大正毛紙、富士鹿切手)が出回るようになりました。震災切手は糊なし、無目打の暫定切手ですから、利用者が使いづらいということもあって、逓信省は大正13年9月末で売りさばきを停止し、郵便局の窓口から残りの切手を回収してすべて廃棄しました。さらに翌14年(1925)4月30日限りで廃止の措置がとられましたが、これは使用禁止ではありませんので、手元に残っていた切手を使うことは許されました。

初期使用に比べて、一般に後期使用は余りウェイトがおかれていませんが、震災切手に限り、大正14年5月以降の後期使用例、消印は少なく、なかなか探すことができないと思います。

震災切手が使用された大正12年～13年は郵便料金の改定はありませんので、旧大正毛紙時代と変わりませんが、主な使用例を左に列挙してみました。

●…1枚貼から多数貼へ

震災切手は使用する郵便種別が5銭を除いてはっきりしていますので、先ず1枚貼で収集し、そこから多数貼に広げて行くと収集の幅が出てきます。

5銭は電話の基本料金として納められました。特に東京では通信に電話所が利用され、その料金として切手で支払いましたので、1枚貼郵便使用はありません。

外国郵便の4銭、8銭、20銭はいわゆるUPU色で発行されていますので、それにあった使用例がほとんどで、他の使われ方は極めて少ないようです。4銭1枚貼の無封書状2倍重量便(❺)は、珍しい使用例ではないかと思います。

■ 震災切手の使用例

❶
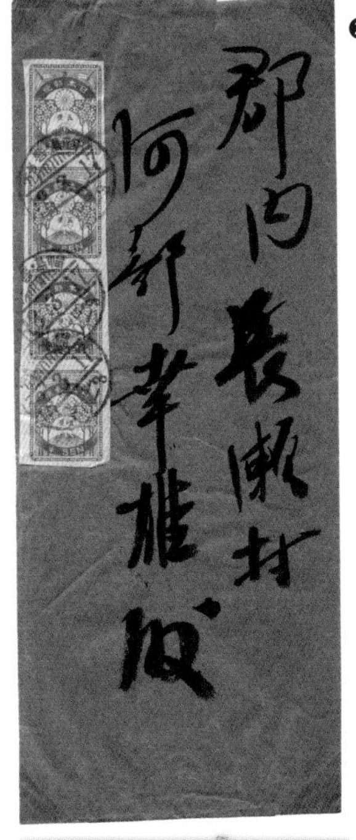

❷
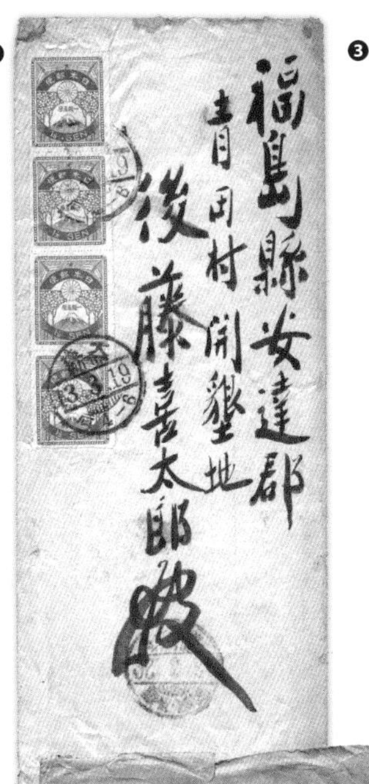

❸
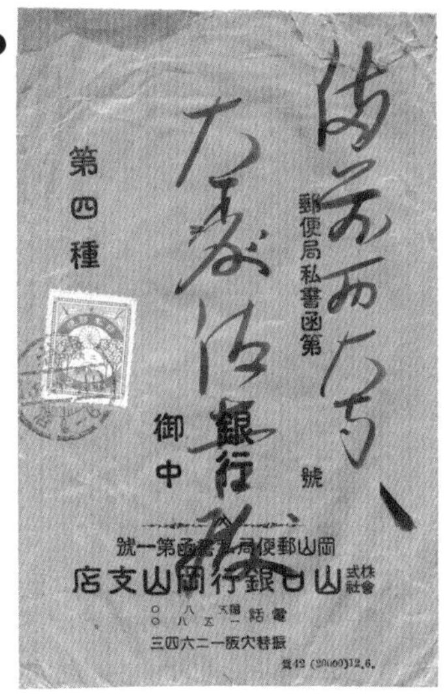

❶ 5厘4枚貼無封書状、福島・喜多方 大正13.3.17。❷ 1 ½銭4枚貼書状重量便、大森 大正13.3.19。❸ 2銭・第4種便。岡山 大正13.5.10。

❹
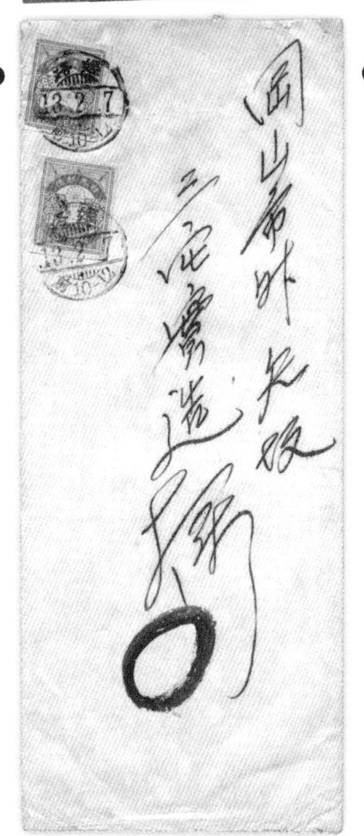

❺
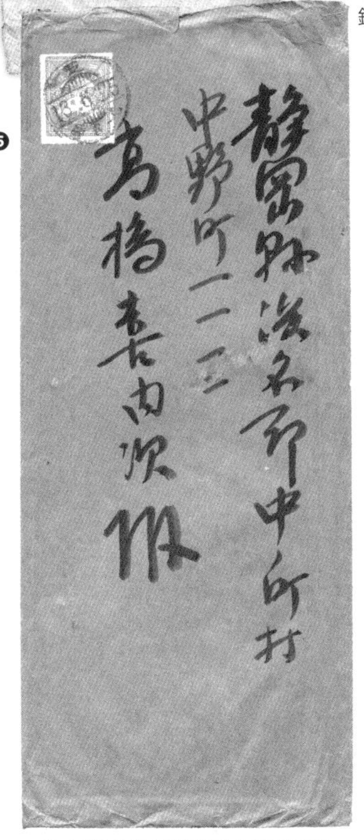

❻
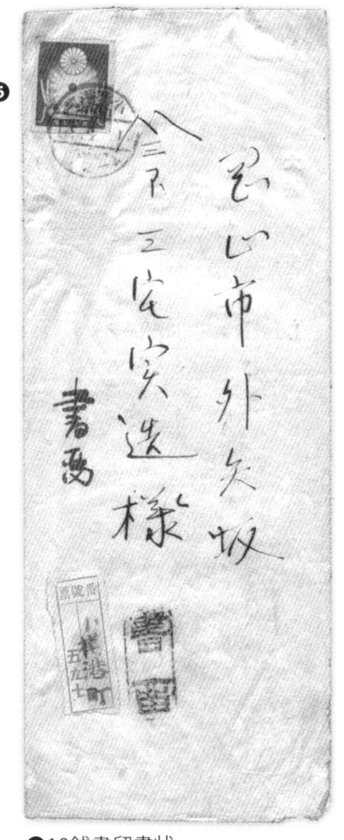

❹ 3銭・2枚貼書状重量便。姫路 大正13.2.7。タイプⅠ・Ⅱの混貼。

❺ 4銭1枚貼無封書状2倍重量便。芝 大正13.6.25。

❻ 10銭書留書状。小樽港町 大正13.4.13。

■震災切手の外信使用例

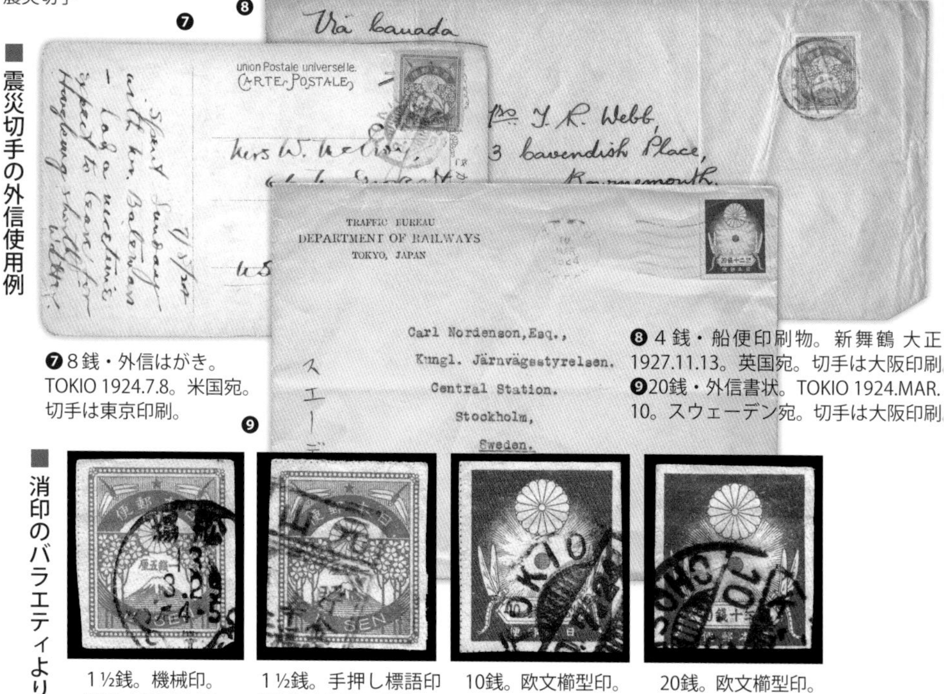

❼８銭・外信はがき。TOKIO 1924.7.8。米国宛。切手は東京印刷。

❽４銭・船便印刷物。新舞鶴 大正1927.11.13。英国宛。切手は大阪印刷

❾20銭・外信書状。TOKIO 1924.MAR. 10。スウェーデン宛。切手は大阪印刷

■消印のバラエティより

1½銭。機械印。船場 大正13.3.29。

1½銭。手押し標語印「貯金は幸福の基礎」。元山(朝鮮)。

10銭。欧文櫛型印。TOKIO 1924.7.－。

20銭。欧文櫛型印。KEIJO 19－.3.10。C欄CHOSEN。

5銭。東京中央。大正13.8.－。D欄海上ビル(電話所)。

1½銭。大連。大正13.7.20。D欄満。

ここでは記しませんが、他の切手との混貼も、暫定切手としての震災切手の時代を反映したものとして、郵便史的にも面白いかもしれません。

●…消印のバラエティは少ない

震災切手は発行数全般の約４割が廃棄されたといわれています。絶対数が少ないことと、使用期間が限定されたことから、１½銭と３銭以外の消印のバラエティは余り多くありません。在外地、植民地のものは朝鮮、台湾は時々見かけますが、満州、樺太は少ないようです。南洋は未発表です。おそらく南洋には震災切手は送られなかったものと思われます。

非郵便のC欄三星が全額面に存在します。とくに５銭は電話料金に使われたことから、D欄に各地の電話所名が入った消印が多くあります。標語印は大正14年７月から使用されていますので、震災切手が使われたとすると後期使用ということになりますが、１½銭で時々見かけます。国内外郵印のC欄はすべて「JAPAN」ですが、朝鮮、台湾では独自の欧文印を使っています。

第１次昭和切手　－製造面－

刷色と印刷版式で分類する

1937年（昭和12）から1940年（昭和15）までに発行された第１次昭和切手は、額面ごとに図案が異なる19種の切手とコイル切手４種、切手帳４種のシリーズとなっています。図案の美しさや入手が容易であることもあって、全種をひと通り揃えている方も多いのではないでしょうか。

…製造面の２つのポイント

1937年（昭和12）４月１日、38年ぶりに郵便料金が改定され、封書は３銭から４銭に、はがきは１銭５厘から２銭に値上げされました。

この郵便料金改正に対応するため、第１次昭和切手の発行が計画されました。しかし、図案選定に時間がかかって発行が遅れ、最も早い２銭（乃木希典）が５月10日、４銭（東郷平八郎）は８月１日までずれ込んでいます。結局、19種の額面切手が出揃ったのは、20銭（富士と桜）が発行された1940年（昭和15）２月１日のことで、料金改正から２年10ヵ月が経過していました。

第１次昭和切手の製造面収集でのポイ

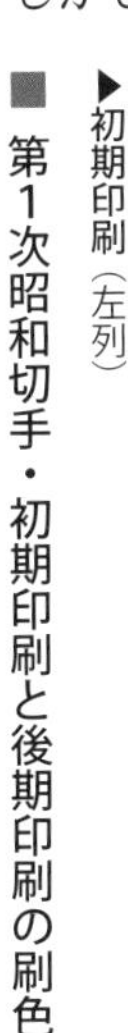

■第１次昭和切手・初期印刷と後期印刷の刷色

▶初期印刷（左列）　◀後期印刷（右列）

▶初期印刷（左列）　◀後期印刷（右列）

■初期印刷と後期印刷の刷色（続き）

▶初期印刷（左列）　◀後期印刷（右列）　▶初期印刷（左列）　◀後期印刷（右列）

ントは２つあります。まず、初期印刷と後期印刷の刷色分類です。前㌻と当㌻に初期と後期を並べて掲載してみました。

第１次昭和切手におけるもうひとつのポイントが印刷版式です。このシリーズには、大きく分けて凸版と凹版があり、さらに凸版には１色刷りと２色刷りがあります。

基本的には大量印刷する必要がある、使用頻度が高い額面を凸版１色（５厘、１・２・３・４銭）、外国宛料金額面や中・高額面を凸版２色（８・14・25・50銭、１円）と凹版（５・６・７・10・12・20・30銭、５・10円）で印刷しています。

●…輪転版と平面版

さらに印刷版式は、「輪転版」、「平面版」、「凹版」の３種に分類されます。この「輪転版」と「平面版」というのは凸版版式の分類方法で、分かりやすくいえば、切手を印刷した印刷機の違いです。

当時、印刷局にはドイツから輸入した輪転印刷機が２台あり、その印刷機で印刷されたのが輪転版。一方、従来からある凸版印刷機で印刷された切手が平面版となります。ちなみに、輪転版は凸版印刷のすべての額面にありますが、平面版は凸版１色刷り切手の額面５種にしかありません。したがって、この両者を分類するのは凸版１色刷り切手だけです。

■ 輪転版・平面版の印面寸法

輪転版　　４銭東郷　　平面版

22・3ミリ　　21・9ミリ

さて、輪転版と平面版の見分け方は印面寸法になりますが、それだけではなく、耳紙を使った目打型式の違いを利用すれば確実です。

▶…印面寸法

『普専』にも額面別に具体的な印面サイズが記載されていますが、大まかに言えば、輪転版は縦寸法で0.2ミリ～0.6ミリ長くなっています（左は４銭の例）。

▶…目打型式

輪転版は全型目打、平面版は櫛型目打。両者は耳紙に異なる特徴があるため、上下左右いずれかに耳紙がついていれば、容易に判別できます。具体的には、耳紙

■ 耳紙の目打による輪転版・平面版の見分け方

５厘朱印船輪転版銘付10枚ブロック

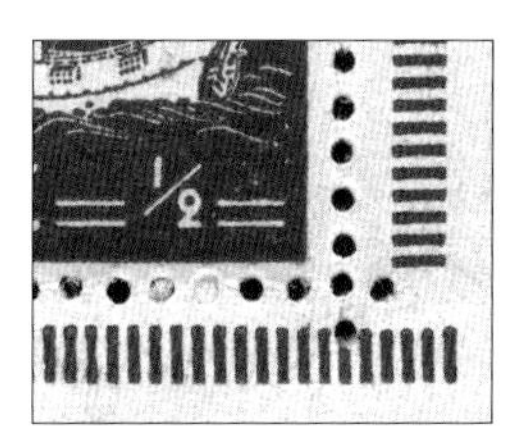

輪転版の目打：全型目打

上下左右とも耳紙に目打穴が１個飛び出している。

５厘朱印船平面版銘付10枚ブロック　上下とも縮小：85％

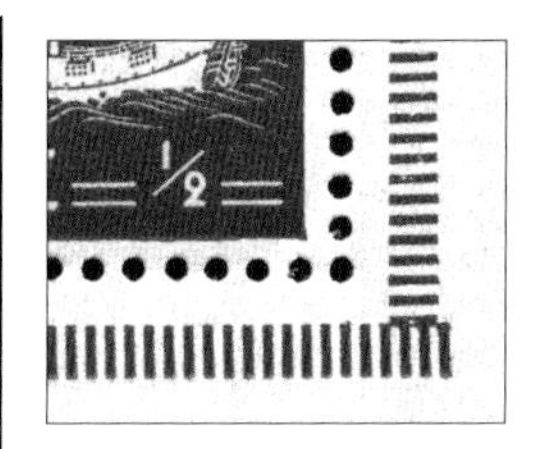

平面版の目打：櫛型目打

左・右・下ともに耳紙に目打穴の飛び出しがない。上耳は目打穴が貫通している。

■ 第１次昭和切手の銘版バラエティ

50銭鹿苑寺金閣

内閣印刷局銘

印刷局〈削り〉銘

印刷局〈中央〉銘

３枚掛けの大日本銘。乃木２銭は25ミリの〈短銘〉、１円大仏は29ミリの〈長銘〉となっている。

にひとつだけ目打穴が飛び出しているのが輪転版。一方、平面版は左右または下の耳紙に目打穴の飛び出しがなく、上耳紙のみ、目打穴が貫通しています。

…50銭の〈削り〉銘と〈中央〉銘

製造面収集としてもうひとつ、銘版バラエティをご紹介しましょう。第１次昭和切手の銘版は、ほとんど「内閣印刷局製造（内閣銘）」だけですが、1945年（昭和20）まで印刷されていた２銭（乃木）と50銭（鹿苑寺金閣）、そして１円（鎌倉の大仏）に銘版バラエティがあります。

まず50銭ですが、銘版は当初、ほかの額面と同じ内閣銘でした。しかし、組織が変わって銘版表示を変更する必要から、「内閣」の２文字を削った、左寄りの印刷局〈削り〉銘が出現しました。その後、銘版を左寄りから中央に修正した印刷局〈中央〉銘も登場したため、銘版バラエティは３種存在します。

２銭と１円の場合は1945年３月頃以降に印刷された切手から、切手３枚掛けの銘版「大日本帝国印刷局製造（大日本銘）」が出現します。ただ２銭と１円の大日本銘は長さに違いがあります。長さ29ミリの１円に対し、２銭は４ミリ短くなっていて、29ミリのものを〈長銘〉、25ミリのものを〈短銘〉と呼んでいます。

リーフ紹介

■第１次昭和切手19種の〈内閣〉銘版付きリーフ

〈内閣印刷局製造〉銘版は田沢型 昭和白紙切手の銘版〈大日本帝国政府内閣印刷局製造〉を簡略化したもので、98番位置１枚掛です。〈内閣〉銘は第1次昭和切手の最初の銘版で、このリーフの切手もほとんど初期印刷です。かすみ罫のついていない切手が９種ありますが、これらは全て凹版印刷です。５厘のみ平面版で、その他の５種は輪転版です。

第１次昭和切手　―製造面―

「乃木２銭」バラエティ収集

第１次昭和切手の収集で、もっとも面白いのは「乃木２銭（#223）」だといわれています。それはこの切手が第１次昭和切手の中で最も長く製造され、多くのバラエティが生まれているからでしょう。この項目ではそんな「乃木２銭」について、コイル切手や切手帳、第２次昭和切手に分類されている糊なし切手や無目打切手も含め、収集のポイントをご紹介します。

…「乃木２銭」の収集ポイント

第１次昭和切手の「乃木２銭」は1937年（昭和12）に発行され、次代の「第２次昭和切手」が発行されてもなお、1945年（昭和20）まで製造されました。その期間は８年以上、その間、戦争による混乱もあって、さまざまなバラエティが生まれました。

バラエティの代表的なものとしては、まず単線12の出現です。この目打は戦争末期の1944年（昭和19）末から翌年初めにかけて出現しています。この目打については、印刷局に置かれていた棄損紙を廃棄裁断するための機械を、切手目打用に改造して使用したものです。その背景には櫛型目打機を修理する技術者が不足したためといわれています。

また、乃木２銭には戦争末期に印刷された「裏糊なし（糊なし切手）」、「目打・裏糊なし（無目打切手）」も存在します。『さくらカタログ』や『普専』では、これらを「第２次昭和切手」に分類していますが、いずれも物資や技術者不足によるもので、意図的に発行されたものではないため、第１次昭和切手の「乃木２銭」として、分類する専門家もいます。

さらには刷色もバラエティ分類の重要なポイントです。乃木２銭の刷色は大きく分けると、鮮赤、紅赤、うすい紅赤、朱赤、朱に分類できます。ここで注意し

■ 単線12のポイント

単線12の銘版つき10枚ブロック。単線12は目打ゲージで測っても区別できるが、縦・横とも目打が耳紙を貫通しているため、左右または下の耳紙つきなら一目瞭然。（縮小：70%）

なければならないのは、朱赤と朱です。朱赤は物資不足の中、さまざまなインクを混ぜて出来上がった刷色、朱は第２次昭和切手の東郷７銭（#254）の印刷インクを誤って使ったものといわれ、最近では別々の刷色と考えられています。

ここまでご紹介したバラエティと、前項でご紹介した版式分類（輪転版と平面版）を組み合わせ、独自にまとめたものが下の分類一覧表です。ぜひ、収集の参考にしてみてください。

■乃木2銭（#223）の整理リーフ

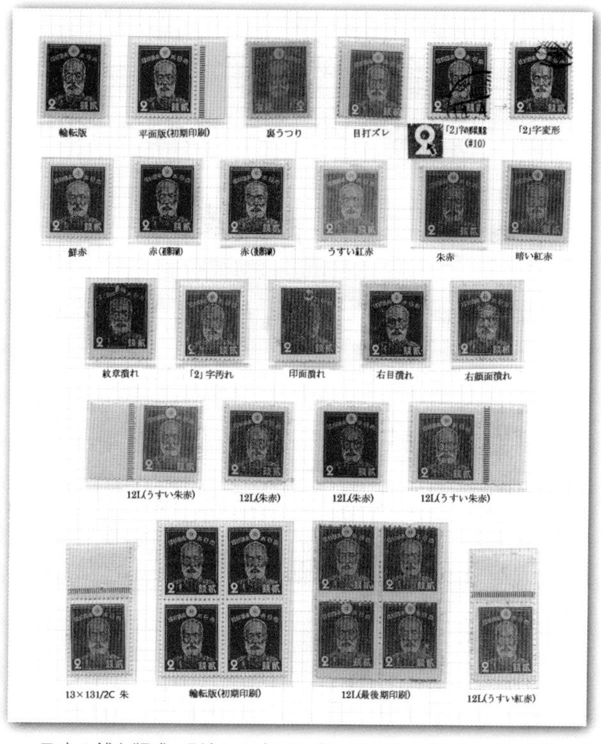

乃木２銭を版式、刷色、目打で分類・整理したリーフ。朱色切手、糊なし切手、無目打切手は、ここには含まれていないが、それでもバラエティの多さはお分かりいただけると思う。

…郵便局では買えない切手

第１次昭和切手には、朱印船５厘、乃木２銭、東郷４銭、春日大社14銭のコイル切手４種が発行されています（次㌻参照）。コイル切手というと自動販売機用と思いがちですが、実際に自動販売機で売られたのは、２銭と４銭だけです。しかも、切手の裏糊が貼り付くトラブルが相次ぎ、発売中止になるケースが多かったようです。

では、これらコイル切手の発行目的はというと、日本タイプライター社が開発した切手自動貼付機、「スタンパル」の専用切手としてでした。そのため、このコイル切手はすべて日本タイプライター社へ卸され、郵便局では買うことができませんでした。また、日本タイプライター社を通しても、500枚単位で購入するしかなく、切手収集家以外でこのコイル切手の存在を知る人は、非常に稀だったということです。

■ 乃木２銭の分類一覧表

刷色	輪転版	平面版・糊あり		平面版・糊なし	
	C.13×13½	C.13×13½	L.12	C.13×13½	無目打
鮮赤	○	−	−	−	−
紅赤	○	○	−	−	○
うすい紅赤	−	○	○	○	○
朱赤	−	○	○	−	−
朱	−	○	○	−	−

"−"は存在しないもの(一部、例外的に存在が確認されているものもある)。この一覧表をもとにしても、分類可能なバラエティは12種もある。このうち、L.12の朱は珍品として有名。（L.：単線目打／C.：櫛型目打）

■第１次昭和切手のコイル切手

左から5厘、2銭、4銭、14銭のペア。単片でも良いが、できればコイル切手の形状も分かりやすい、ペア以上で入手したい。なお、14銭はカタログ価も高いため、左右の目打をカットした変造品も出回っているので注意が必要。

●…使用済で楽しめる切手帳

第１次昭和切手には、郵便切手帳が乃木２銭と東郷４銭に、それぞれ２種類あります。いずれも横10×縦２の20枚ペーンを、２つ折りにして表紙に綴じたものです。なお、切手帳に収められたペーンは、上下に目打がなく、ストレートエッジになっています。

1937年（昭和12）に発行された切手帳は、厚手の表紙で切手も初期特有の色のものですが、1941年（昭和16）発行の表紙デザインを変更したものは、薄い表紙で切手も印刷がざらざらした後期印刷だと分かります。

切手帳は旅行先での通信用や買い置き用など、非常によく売れたようで、使用済や使用例が数多く残されています。したがって、未使用より使用済切手で楽しめる切手です。

■第１次昭和切手の切手帳表紙

▲２銭（1937年発行）：２色刷り厚手白色紙

▲２銭（1941年発行）：１色刷り薄手茶色紙

▲２銭（1941年発行）：１色刷り厚手白色紙

▲４銭（1937年発行）：２色刷り厚手白色紙

▲４銭（1941年発行）：１色刷り薄手茶色紙

２銭の切手帳表紙３種と４銭の切手帳表紙２種。当初は２色刷りの厚手白色紙だったが、表紙変更後は１色刷りの薄手着色紙となった。売価は２銭、４銭ともに80銭となっているが、これは２銭は20枚ペーンが２組、４銭は20枚ペーンが１組収められていた。縮小：40％

第１次昭和切手　－消印・使用例－

和文櫛型印で楽しむ使用済

第１次昭和切手の使用時期、消印は専ら和文櫛型印でした。この時期の和文櫛型印には多くのタイプがあり、第１次昭和切手を使用済で楽しむ際のポイントにもなっています。この項では使用済収集のポイントをご紹介します。

…使用済のポイント“外地”

1937年（昭和12）に発行がスタートした第１次昭和切手は、発行年に勃発した日中戦争、そして1941年（昭和16）に開戦した太平洋戦争など、その使用された時期は日本の戦争拡大時期と一致します。その一方で、戦争拡大と同時に日本が影響力を及ぼす地域、いわゆる“外地”が広範囲に拡大していきました。外地では当然のように日本切手が使用されたため、第１次昭和切手は“外地”の消印が楽しめるシリーズといえます。

ちなみに外地とは、日本が占領もしくは併合・植民地化していた地域のことで、具体的には北千島、樺太、朝鮮、関東州、満州（満鉄附属地）、台湾、南洋諸島（国際連盟から委託統治されていた地域）、そして太平洋戦争が始まると、香港や東南アジア地域などが加わっていきます。こうした地域で、第１次昭和切手は無加刷のまま使用されていました。

『普専』VOL. ３ではこれら外地の消印を、地域別に分類・評価しています。外地の使用済や使用例の収集は、難しいと

櫛型印・D欄分室（廣島・廣／南分室）

櫛型印・野戦局（海軍軍用郵便局）

ローラー印（紫）（福山）

縦書ローラー印（大阪中央）

県名カタカナローラー印（イワテ／田部）

機械印（東京中央）

櫛型欧文印（ゴム）（YOKOHAMA）

欧文ローラー印（OSAKA）

外地印（朝鮮・KEIJO）

外地印（南方・KUALALUMPUR）

■櫛型印のタイプ別

Ｚ型
大阪天満

Ｃ欄都道府県
葛飾

局名一部二行印
王子東京工廠内

鉄道郵便印
名古屋鳥羽間

Ｃ欄三星
岩手・田老鉱山

為替記号
江戸川東小松川

Ｃ欄電信局
東京中央

朝鮮
京畿・竹山

台湾
台北

樺太
樺太・落合

関東州 新旅順

南洋 ポナペ

思われるかも知れません。確かに外地の欧文印、短期間の使用に終わった南方占領地などの消印には難しいものも多いのですが、櫛型印など和文印は比較的残されています。根気よく探せば、かなりの地域を埋めることができるはずです。

…櫛型印のタイプ別

第１次昭和切手にみられる櫛型印には、外地使用以外にもいくつかのタイプがあります。当初から使用されていたＺ型＊や鉄郵印、1943年（昭和18）６月頃から登場したＣ欄都道府県名、非郵便印ではＣ欄にかな記号が入った為替記号印、戦争中期に郵便印としても使用されたＣ欄三星印、電信局などで使用された電信印など、外地使用も含めると、櫛型印だけで11種が『普専』に記載・評価されています。

第１次昭和切手は使用済切手が豊富に残されていますので、こうした消印を額面別に整理したリーフを作るのも面白いと思います。

…「適応使用」が使用例収集のカギ

使用例は、第１次昭和切手の各額面ほぼすべてが発行時に用途があり、その使用目的に合わせた適正使用例を集めるのが、収集の基本だと思います。

使用例収集の基本は「適正１枚貼」だと思っています。各切手の使用例を示すなら、その切手が発行された目的に沿ったものを、まず示すべきだと考えるからで

＊1930年（昭和５）12月１日から使用されている、Ｃ欄時刻表示が「前０－８」から始まり、以降、４時間刻みとなっている櫛型印。

す。しかし、それだけでは収集がすぐに行き詰まってしまいます。そこで次に考えられるのが、「適応使用」です。

第1次昭和切手が活躍した戦中戦後には、4回の郵便料金改正がありました。郵便料金が変われば、各切手の用途も当然変わりますので、使用例が集めにくかった切手でも、入手が容易になるケースがあります。例えば、発行時は訴訟書類など、書留の特殊取扱加貼用だった上高地5銭は、1942年(昭和17)の改正で国内封書料金用となります。訴訟書類の使用例は入手も難しいですが、国内書状なら入手も容易です。

また、多数貼使用例もコレクションに拡がりを持たせてくれます。朱印船5厘を4枚貼った私製はがき、稲刈1銭4枚貼国内封書、東郷4銭5枚貼外信書状、上高地5銭3枚貼航空はがきなど、複数貼に注目すると多くの使用例が存在し、華やかさを増してくれるでしょう。

■ 第1次昭和切手の使用例収集

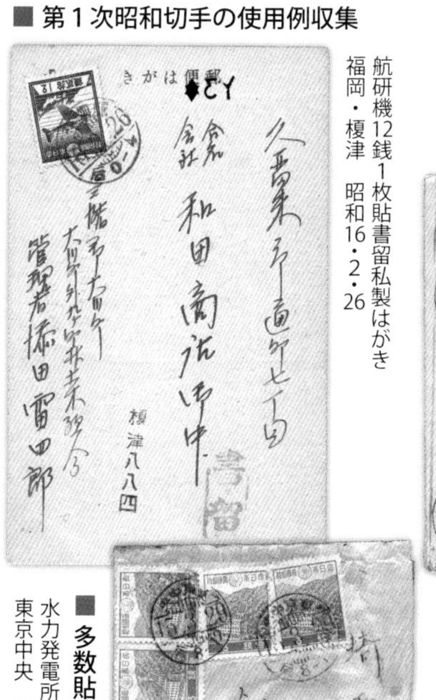

航研機12銭1枚貼書留私製はがき 福岡・榎津 昭和16・2・26

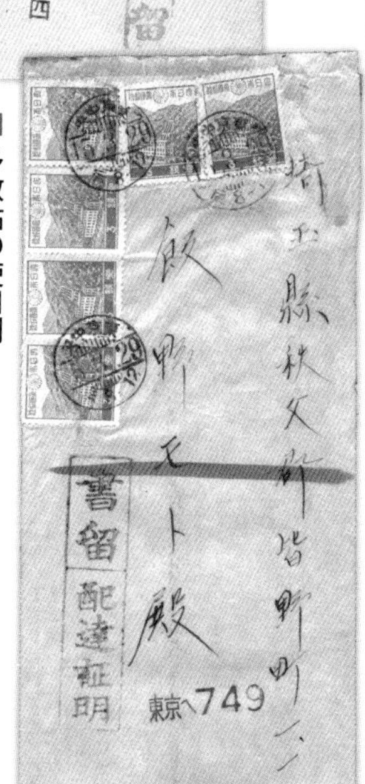

■ 多数貼の使用例

水力発電所3銭6枚貼書留配達証明 東京中央 昭和15・3・29

■ 外国郵便の使用例

外国郵便の使用例。❶富士と桜20銭貼ドイツ宛外信書状OSAKA 1941.2.4 NIPPON　ナチスドイツ検閲印。❷東照宮陽明門10銭貼アメリカ宛外信はがき　静岡 昭和14.9.4。❸東郷4銭貼アメリカ宛印刷物 YOKOHAMA 1940.1.1 NIPPON。

リーフ紹介

■第１次昭和切手20銭の消印バラエティ

第１次昭和切手 富士と桜20銭の消印のリーフ。このリーフでも、昭和15年～16年消印の切手と、17～18年消印の切手とでは刷色が全く違っていること分かります。これは16年末にインクが変更されたことによるもので、色調変化とは区別すべきだといわれています。将来は独自のカタログナンバーを付与されるかもしれません。

第2次昭和切手　―製造面―

女子工員1銭の多様な楽しみ

第2次昭和切手は未使用切手でも多くの角度から楽しめ、カタログ価が安いこともあり、収集の醍醐味を味わえるシリーズです。まずは、もっとも手軽に入手できる女子工員1銭を中心に取り上げてみましょう。

■女子工員1銭の輪転版と平面版の特徴

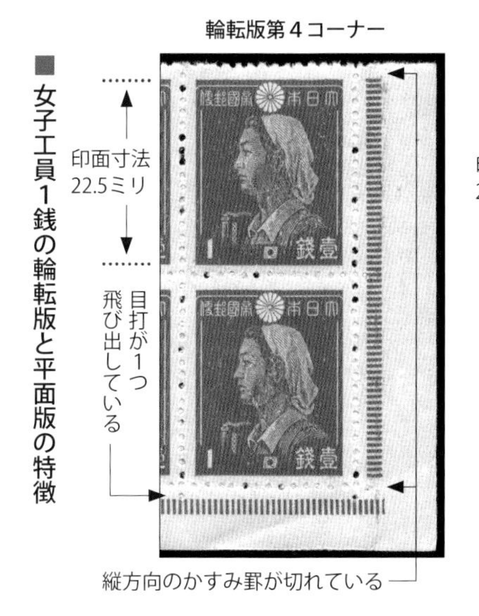

平面版第4コーナー

印面寸法
22.1ミリ

目打が
飛び出していない

かすみ罫が繋がっている

●…国民の戦意高揚が狙い

第2次昭和切手は、昭和17年（1942）4月1日の郵便料金改定に合わせて発行されましたが、時局図案のものを採用することによって、前年12月に始まった太平洋戦争の国民の戦意を高揚させよう、という狙いがありました。終戦の年まで切手製造が続けられ、カタログのメインナンバーで22種が発行されました。

発行当初は、第1次昭和切手と遜色のない出来栄えでしたが、技術者の不足、空襲の激化、資材不足などにより、辛うじて切手としての体裁をとどめる程度のものしか、印刷できない状況になっていきます。

●…女子工員1銭の分類

では、カタログ価がもっとも安く、入手が容易な女子工員1銭を中心に、分類をみていきましょう。

▶…版式による分類

まず、版式によって分類します。1銭には輪転版と平面版があります。両方の版があるのは、女子工員1銭のほかに乃木3銭（#248，249糊なし）と八紘基柱4

銭の４種類です。

輪転版、平面版の違いは、印面の縦寸法の違いで、１銭の場合、輪転版が22.5ミリ、平面版が22.1ミリと、わずか0.4ミリの差ですが、慣れてくると容易に区別できます。また、耳紙が付いていれば、罫線や目打の抜けで判別できます。他の額面では、両者の寸法の違いがもっと大きく、判別はたやすいと思います。

▶…銘版による分類

次は、銘版による分類です。１銭には、〈内閣印刷局製造〉銘版（内閣銘）と〈大日本帝国印刷局製造〉銘版（大日本銘）の２種類があります。大日本銘には、銘版の長さが25ミリの「短銘」と29ミリの「長銘」がありますが、１銭は平面版の短銘だけです。内閣銘は輪転版、平面版ともありますので、１銭の銘版は版式と合わせると３種類になります。

銘版にはこのほか、〈内閣印刷局製造〉の「内閣」を削って〈印刷局製造〉にし、結果的に銘版が左側に位置しているもの（削り銘）が、産業戦士６銭にあります。さらに、〈印刷局製造〉を中央にしたもの（中央銘）が、産業戦士６銭と東郷７銭に存在します（次㌻）。

■ 女子工員１銭の銘版　（150％拡大）

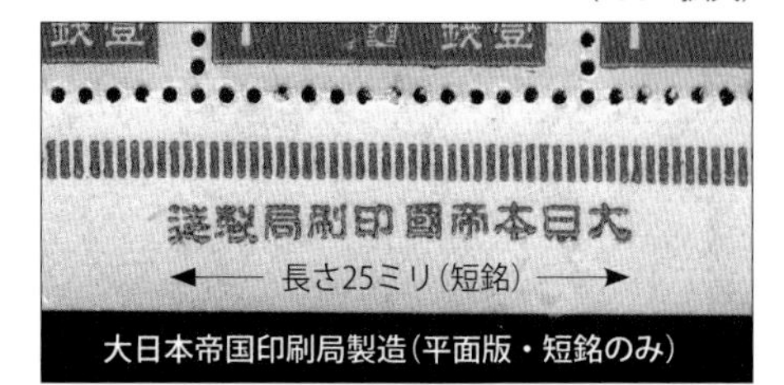

大日本帝国印刷局製造（平面版・短銘のみ）

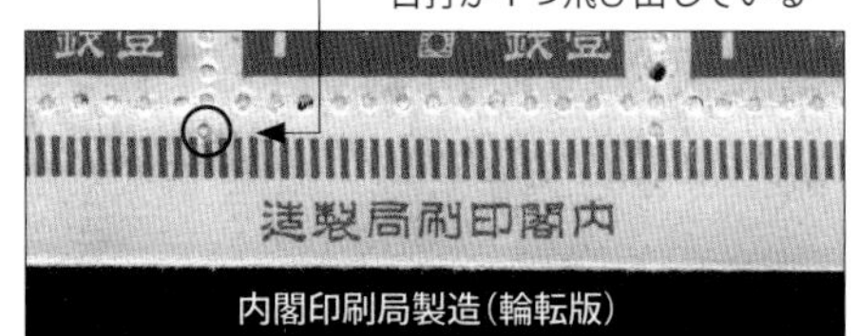

内閣印刷局製造（輪転版）

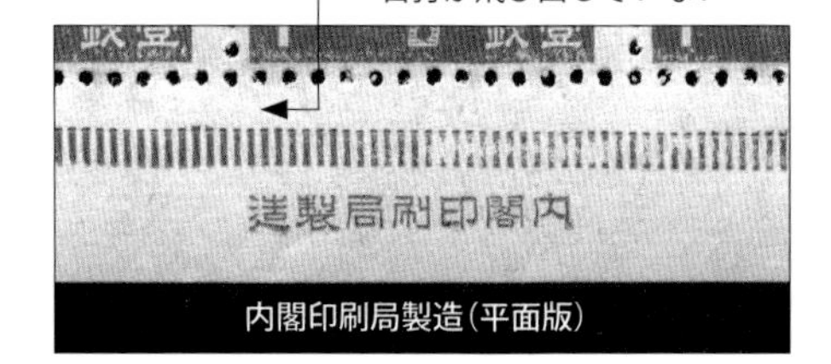

内閣印刷局製造（平面版）

▶…刷色のバラエティ

１銭切手の刷色も多くのバラエティがあります。最も特徴的なものは「暗い赤紫」で、これは「戦災変色」と言われていましたが、最近では東郷５銭のインクが混入したのではないかと見られています。

■ 女子工員１銭の変遷　昭和18年から終戦の年まで製造が続けられ、次第に切手の品質が落ちていった。

だいだい茶

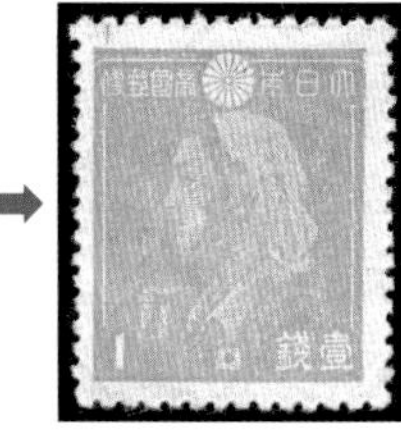
黄味茶

薄い赤味茶（印面かすれ）

暗い赤紫（昭和20年製造）

■ 印刷局製造銘（産業戦士６銭）

産業戦士６銭
印刷局製造（削り銘）

産業戦士６銭
印刷局製造（中央銘）

そのほか、戦争末期に印刷された切手には、印面が潰れて女子工員の姿が辛うじて見えるものや、かすれたものがあります。

▶…定常変種

第２次昭和切手には、ほとんどの額面に定常変種があり、１銭にも目立つ定常変種が、『普専』に複数報告されています。銘版つき10枚ブロックや右耳紙にトンボがあるブロック（「本」字の上の印面枠にキズ・47番）ですと、定常変種の位置が分かります。そうしたものを入れると、コレクションに厚みが出てきます。

■ 女子工員１銭の定常変種

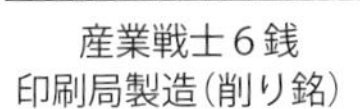

▲「銭」の下側に白い横線（76番切手）

▼胸の日の丸にキズ（89番切手）

▼煙突の左上に白い三角形（97番切手）

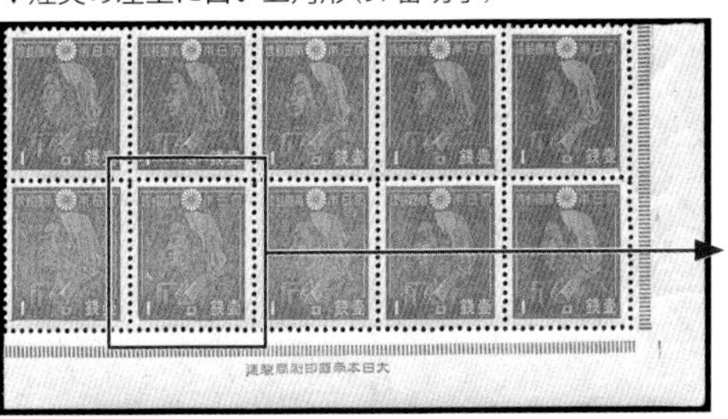

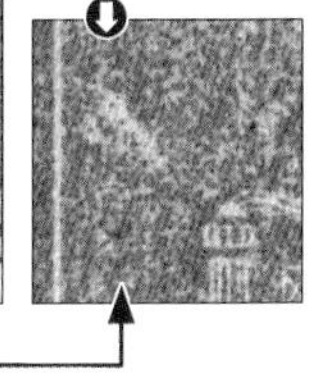

▼「本」字の上の印面枠にキズ（47番切手）

※トンボの左は50番切手で、定常変種の位置が分かる。

第２次昭和切手　―製造面―

戦争の混乱で生じた バラエティ溢れるシリーズ

第２次昭和切手は、長引く戦争による物資不足の中で製造されました。その結果として、印面（刷色、定常変種）、目打、糊、すかしなど、製造面のバラエティに溢れ、製造面で大変に興味深いシリーズとなっています。

■ オーローワンピ灯台40銭凸版の色調変化

初期（＃265・糊つき）
茶紫

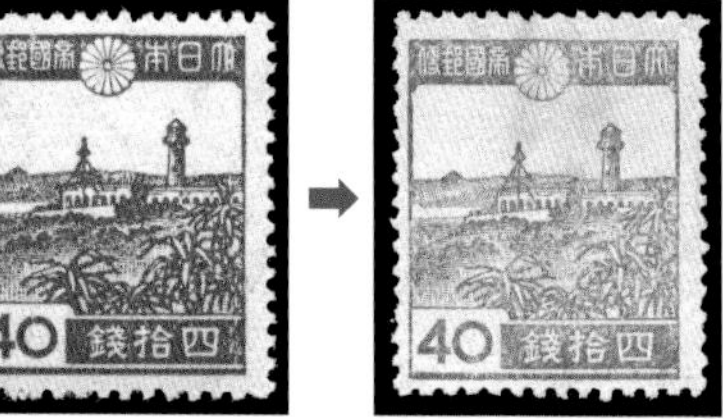

後期（＃265・糊つき）
薄い茶紫（左）と茶紫（右）

最後期（＃266・糊なし）
赤味を帯びた薄い茶紫

前項では女子工員１銭切手を中心に第２次昭和切手を見てきましたが、その他の額面でも多くのバラエティがありますので、引き続き、多様な製造面の特徴を見ていきましょう。

…裏糊のバラエティ

▶…糊なし・糊つき・糊落ち

第２次昭和切手には裏糊のない切手があります。戦争の激化による資材の欠乏で糊引き作業ができず、昭和20年（1945）以降に出現した乃木２銭、乃木３銭、東郷５銭、地図10銭、勅額10銭とオーロワンピ灯台40銭凸版には、「糊なし」切手があります。このうち、乃木２銭と勅額10銭は「糊なし」だけしかなく、他の額面には「糊つき」の切手もあります。

「糊つき」切手の糊を落とした「糊落ち」切手と、「糊なし」切手の区別は、それほど難しいものではありません。「糊なし」は紙がすべすべしていて、一方の「糊落ち」は紙がざらざらし、どこか糊の感触が残っています。しかし、それでもどちらか分からない場合は色調を見てください。「糊なし」は最後期の色調ですから、間違えることはありませんし、さらに銘版つきであれば、「大日本銘」のみに「糊なし」が存在します。

「糊なし」のなかで、オーロワンピ灯台40銭凸版の「糊なし」（＃266）はカタログ価が高く、入手には注意が必要です。「糊落ち」を「糊なし」として販売しているケースがあり、ここでも決め手は色調で

■ 東郷５銭「糊なし」の銘版は大日本銘

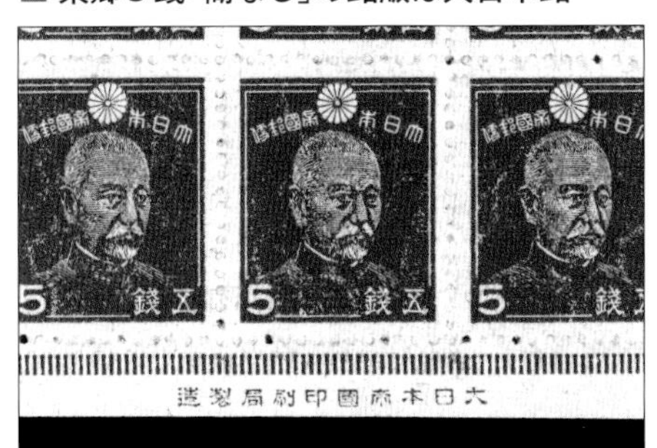

上は東郷５銭「糊なし」(＃252)「大日本帝国印刷局製造」銘つき。大日本銘には「糊つき」「糊なし」が存在するが、「糊なし」は内閣銘には存在しない。

す。「糊なし」は“赤味を帯びた薄い茶紫”で、この色は「糊つき」切手(＃265)にはありません。

オーロワンピ灯台40銭凸版「糊なし」は、終戦後の昭和21年(1946) ３月に出現しました。この時期(昭和20. 4. 1～21. 7.24)は封書の書留便と速達便がいずれも40銭。急遽製造したものと思われますが、切手に糊をつける設備がなく、止むなく糊なしのまま発売されたものでしょう。

▶…糊上印刷

印刷面に間違えて糊引きした「糊上印刷」が、木造船２銭とオーロワンピ灯台40銭凸版(＃265)に存在し、これらには当然ながら裏糊がありません。そのため、通常の切手は後ろに反りますが、糊上印刷では前に反るという現象が見られます

▶…糊面の裏写り

また、糊面に印面が転写された「裏写り」は、ほとんどの額面で見られ、なかには一見表裏が分からないほど、鮮明なものもあります。

■ 裏糊のバラエティ

木造船２銭。通常の切手は後ろ＝裏糊側に反るが、糊上印刷は、前＝糊面側に反る現象が見られる

産業戦士6銭　富士と桜20銭

●…その他のバラエティ

▶…目打とすかし

第２次昭和切手は、目打にも特徴があります。「糊なし」と同じように、戦争末期には「目打なし」が乃木２銭(＃247)、勅額10銭(＃258)の２種類で発行されました。本来第３次昭和切手(すべて目打なし・糊なし)に属すものですが、同図案の“目打あり・糊なし→目打なし・糊なし”という流れの中で、カタログでは第２次昭和切手に入れられています。

この他、目打の抜けが極端に悪く、ほとんど無目打に見える、いわゆるブラインド目打が地図10銭(＃255)、勅額10銭

■ 地図10銭（＃255）のブラインド目打

目打の抜けが極端に悪く、
無目打に見える。

■ 木造船２銭（＃245）のすかし（透過光撮影）

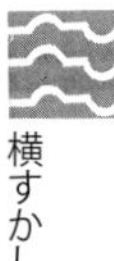

（目打入り・＃257）にあります。

すかしにもユニークな変種があります。木造船２銭とオーロワンピ灯台40銭凸版（＃265）には、横すかしがあります。オーロワンピ40銭凸版の横すかしは“大珍品”ですが、木造船２銭はそこそこ存在し、切手即売会などで丹念に探せば見つかる可能性は充分にあります。

▶…印刷もれと定常変種

地図10銭「糊つき」（＃255）の「地図なし」（薄い茶紅の印刷もれ）は、第２次昭和切手の“珍品”のひとつでしょう。薄く地図が印刷されているものは時々見かけますが、完全に消えているものは滅多に見られません。この「地図なし」は未使用切手だけに確認されていますが、薬品で地図を消した偽造品が出回っているとも聞いていますので、入手には充分注意してください。疑わしいものは鑑定に出す事をおすすめします。

珍品。地図10銭「糊つき」（＃255）の「地図なし」。

前項で、女子工員１銭切手の定常変種を紹介しましたが、他の額面にも多くの定常変種があります。このうち、地図10銭「糊つき」（＃255）には大きな定常変種が３つ、『普専』に掲載されています。そのうちの１つ「上部印面左一部欠け」（下左）と同じものが、「糊なし」切手にあるのも興味深く、これにより同じ実用版を使ったことが分かります。

■ 地図10銭（＃255）の定常変種

上部印面左一部欠け（１番切手）
※糊なし切手にも存在

左側印面上部の一部欠け（９番切手）

下部印面枠下に短線（96番切手）

第２次昭和切手　─消印・使用例─

Ｃ欄時刻表示さえ少ない…材料が乏しい消印

第２次昭和切手は製造面のバラエティに溢れる一方、戦時に発行され、あまり使われなかったことに由来する消印の難しさが特徴です。この項目では当時の状況を辿りつつ、どこが難しいのかを探ってみます。

■昭和17～20年の郵便基本料金変遷表　［書状（無封）は第四種と同じ料金］

料金改定日	書状（有封）	はがき	第三種	第四種	書留	速達
昭和17年（1942）.４.１	５銭	２銭（継続）	１銭	４銭	12銭	12銭
昭和19年（1944）.４.１	７銭	３銭	２銭	６銭	20銭	20銭
昭和20年（1945）.４.１	10銭	５銭	５銭	10銭	30銭	30銭

●…消印の時刻表示を廃止

第２次昭和切手の消印だけでコレクションを作ることは、相当に難しいと思います。何とか東郷５銭、地図10銭（糊つき・#255）で、マルティプルを入れて１リーフができるかどうか、という程度でしょう。戦争中で郵便の使用そのものがあまりなく、消印のバラエティが少ないからです。

戦争の激化に伴う資材不足のため、昭和18年（1943）２月16日に、時刻表示（Ｚ型）が廃止され、Ｃ欄を「都道府県名」とするという公達が出されました。当然それまでに発行された切手には、時刻表示の消印が存在します。昭和17年４月１日発行の東郷５銭は比較的多く存在しますが、同年10月１日以降発行の女子工員１銭、八紘基柱４銭、地図10銭（#255）、少年航空兵15銭、オーロワンピ灯台40銭凹版（#264）には、時刻表示は多くは見られません。

「Ｃ欄都道府県名」の印顆はすぐには

■消印のバラエティ

櫛型印Ｚ型

横濱
昭和18.1.30

櫛型印Ｃ欄県名

上長尾 昭和20.4.17
Ｃ欄静岡縣

櫛型印Ｃ欄三星

函館 昭和17.8.1－
※北海道での先行使用

和文ローラー印

小石川
昭和18.－

配備されなかったため、暫定措置として、電信・電話などの非郵便に使っていた「Ｃ欄三星」が使われています。しかし最後まで配備されず、「Ｃ欄三星」を戦後までずっと使い続けたところも多くありました。また、北海道では公達前の昭和17年８月から、朝鮮では昭和15年６月から郵便印として「Ｃ欄三星」を使っていました。

この他、消印では機械印(唐草印)、ローラー印、為替印、鉄郵印、それに外地(台湾、朝鮮、樺太、関東州)がありますが、鮮明なものや、すべて読めるものはきわめて少なく収集には苦労します。また、戦争によって外国郵便が途絶したため、欧文印はほとんど使用されませんでした。

…エンタイアの難所

消印に比べると、エンタイアは一般的なものであれば、比較的容易に集められそうです。

昭和17年４月１日の郵便料金改定の際、封書料金の東郷５銭が発行されました。その時、はがきは旧料金の２銭に据え置かれました。２年後の昭和19年４月１日からは封書７銭、はがき３銭に値上げされ、さらに１年後の昭和20年４月１日には封書10銭、はがき５銭になりました。これらはいずれも、第２次昭和切手に適正・適応使用が存在します。

第２次昭和切手のエンタイアでの最難関は、靖国神社27銭です。速達または書留用として昭和20年２月２日に発行されましたが、その前日の２月１日から速達や書留郵便物は郵便局の窓口に差し出すことになり、郵便局では切手を貼らず、料金収納印を郵便物に押しました。従って、あらかじめ差出人が切手を貼って差し出したものしか存在しないことになり、極めて少なくなっています。

また、昭和20年４月１日の郵便料金改定で封書が10銭になったため、勅額10銭(目打入り・＃257)が印刷されましたが、３月10日の東京大空襲で切手倉庫が焼けてしまい、この切手もほとんど焼失してしまいました。前もって地方に送った一部が４月中旬から使用されたものの、使用例は決して多くありません。

■ 第２次昭和切手の使用例より

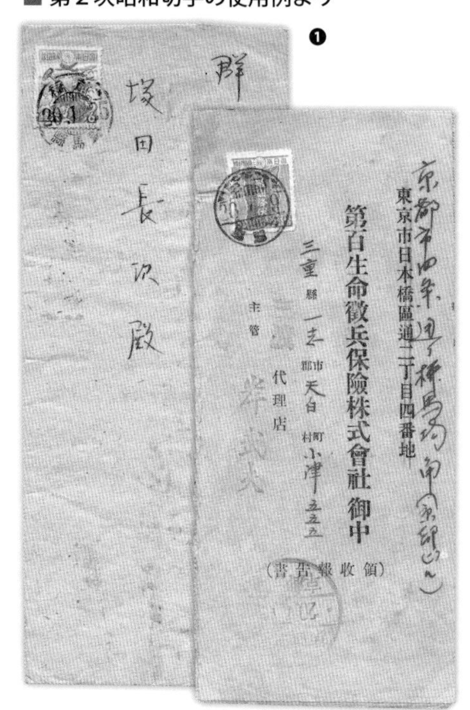

❶産業戦士６銭・書状(無封)。前橋 昭和20.1.25、Ｃ欄群馬縣。産業戦士６銭の書状(無封)、および第四種の適正使用期間は半年しかない。
❷勅額10銭・書状(有封)。勅額10銭の地方使用。天白 昭和20.7.9、Ｃ欄三重縣。

❸

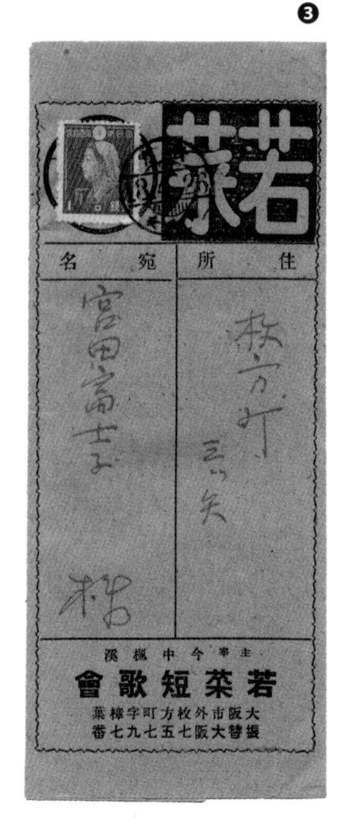

❹

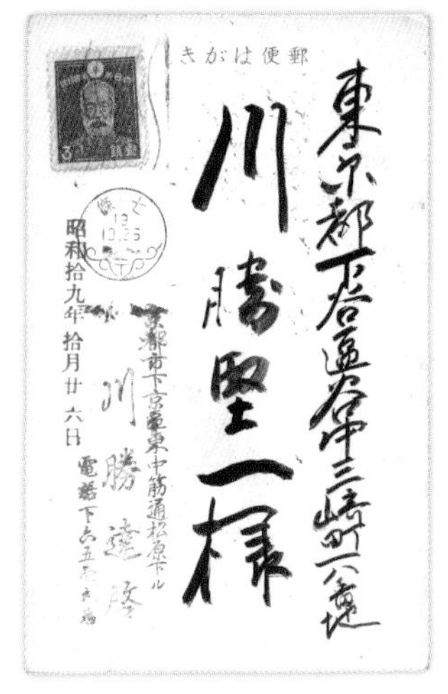

❺

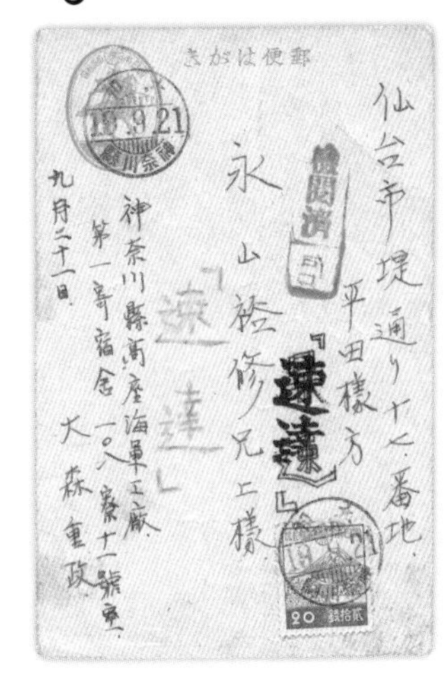

❸女子工員１銭・第三種便。枚方 昭和18.4.26、C欄三星。
❹乃木３銭・私製はがき。七條 昭和19.10.26。唐草機械印は珍しい。

❺富士と桜20銭・速達便。新楠公はがき３銭に加貼。
大和 昭和19.9.21、C欄神奈川縣。

❻

❻靖国神社17銭・書留便。城東 昭和18・6・28、C欄東京府。

（原寸）

※Ｃ欄都道府県名は昭和18年（1943）６月頃から使われ始め、東京では「東京府」の印顆が配布されていたが、７月１日から行政区域変更により「東京都」に変更。そのため、「Ｃ欄東京府」は１ヵ月間しか使用されなかった。

❼

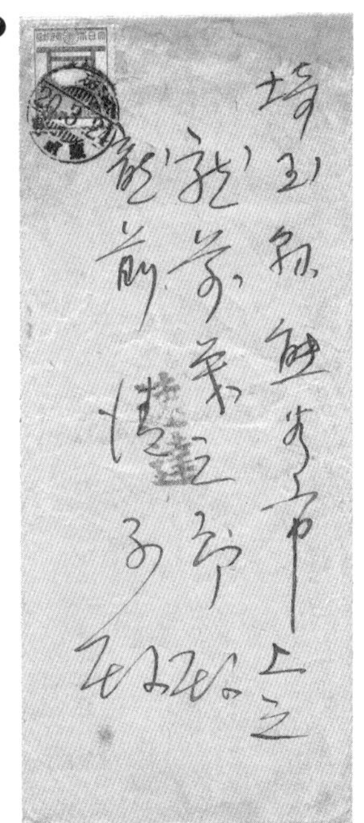

❽

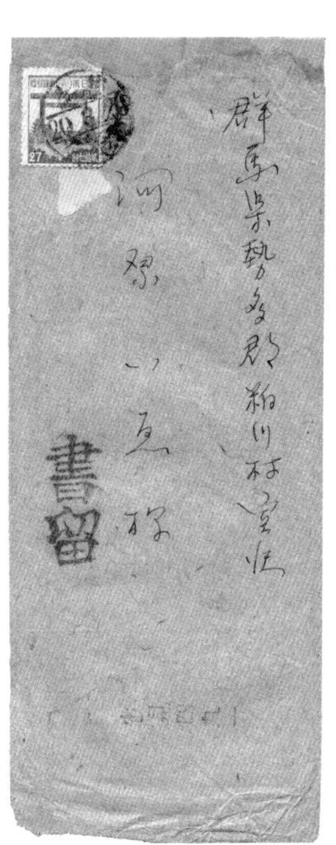

❼❽靖国神社27銭・書留便。鶴見 昭和20・3・29、C欄神奈川縣。
❼靖国神社27銭・速達便。砧 昭和20・3・24、C欄東京都。

…第２次昭和切手のその後

ほとんどの第２次昭和切手は戦後も郵便物に使われましたが、女子工員１銭、木造船２銭、富士と桜20銭以外は、軍国主義、侵略政策、神道に関する切手＝追放切手として、昭和22年（1947）８月31日限りで使用禁止となりました。

第３次昭和切手　―製造面―

カタログ価が安く、バラエティが豊富なシリーズ

11種ある第３次昭和切手の未使用は、青色勅額10銭、梅花模様10円を除いてカタログ価が比較的安く、容易に入手できます。しかも、銘版、用紙、すかし、刷色のそれぞれにバラエティが多くあり、それらを組み合わせると、実に興味深いコレクションを作ることが可能になります。

■ 富士と桜10銭　銘版・用紙・すかしを組み合わせたリーフ

銘版は「小字・中字・大字」、用紙は「白紙・灰白紙・粗紙」、すかしは「正すかし・狭すかし」のバラエティがある。下段中央の銘版付きブロックには86番切手に定常変種も。

…無目打・糊なし・平版

昭和20年(1945) ４月から翌21年(1946) ４月までに発行された第３次昭和切手は10種類で、すべて無目打・糊なし、平版(オフセット)で印刷されています。乃木２銭と灰色勅額10銭にも無目打・糊なしがありますが、この２種は凸版印刷ですので、カタログでは第２次昭和切手に含めています。また、第１次新昭和切手も無目打・糊なしですが、こちらは国名が「日本郵便」となっていて、昭和切手の「大日本帝国郵便」と区別できます。

第３次昭和切手は、戦局がますます悪化する中、昭和20年(1945) ４月１日の郵便料金値上げのために発行が予定されていました。

しかし、４月に印刷局滝野川工場が空襲により全焼し、切手の製造はほとんどが民間工場に委託されたため、統制がとれないままに発売されました。

従って、第３次昭和切手は、青色勅額10銭を除いて発行日の告示がなく、カタログには「出現日」が載せられています。

…さまざまなバラエティ

そうした事情から、第３次昭和切手は、銘版、用紙、すかし、刷色に多様なバラエティが生じました。

▶…銘版

銘版は切手２枚掛けで、〈大日本帝国印刷局製造〉と〈印刷局製造〉しかありません。さらに、〈印刷局製造〉銘版は炭鉱夫50銭しかなく、藤原鎌足５円と梅花模様10円には銘版がありません。また、炭鉱夫50銭にも無銘版のシートがあります。

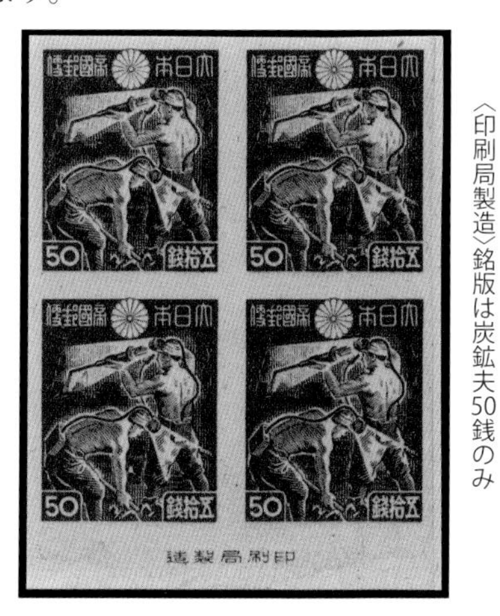

〈印刷局製造〉銘版は炭鉱夫50銭のみ

民間工場で印刷しても、銘版はすべて〈大日本帝国印刷局製造〉と統一されましたが、その字体には、小字、中字、大字の３種類があります。この違いは字の長さで判別できます。小字が25mm、中字が25.5mm、大字が24.5mmです。大字は字の大きさでも容易に区別できますが、小字、中字は字の大きさがほぼ同じものがあり、長さも0.5mmの差しかなく、切手によっては多少の誤差もありますので、区別に迷う場合があるかもしれません。その場合は、額面の違う切手ではなく、同じ切手同士で比べてみる必要があります。

※いずれも富士と桜10銭の例　150%

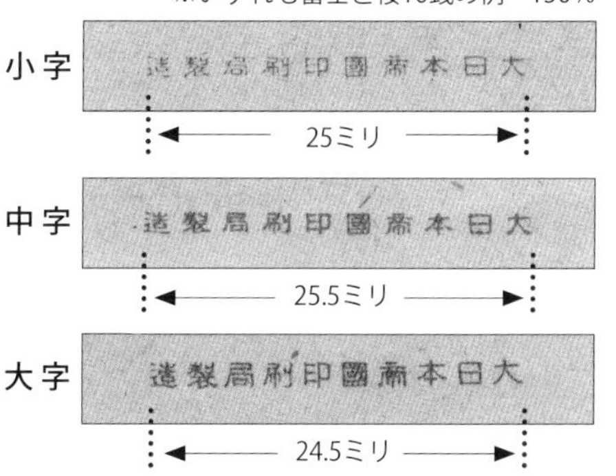

▶…用紙

用紙のバラエティは、この第３次昭和切手で初めて出てきたもので、白紙、灰白紙（かいはくし）、それに粗紙（そし）の３種類があります。額面によっては、この３種類のいずれかがありません（たとえば、盾と桜３銭には白紙がなく、靖国神社１円には灰白紙がない）。また、白紙、灰白紙、粗紙の、それぞれ中間の用紙のものがあり、どちらに分類して良いか分からないケースもありますが、その時は紙のキメの細かさをみて、分類するようにしています。

▶…すかし・刷色

すかしには「正（せい）すかし」と「狭（せま）すかし」が

収集メモ 使用面が難しい第３次昭和切手も、未使用は豊富に残されていて、現物にふれる機会も多いと思います。製造面の知識を実際に現物で確認できれば、収集がますます面白くなることでしょう。

■ 正すかしと狭すかし（透過光撮影）

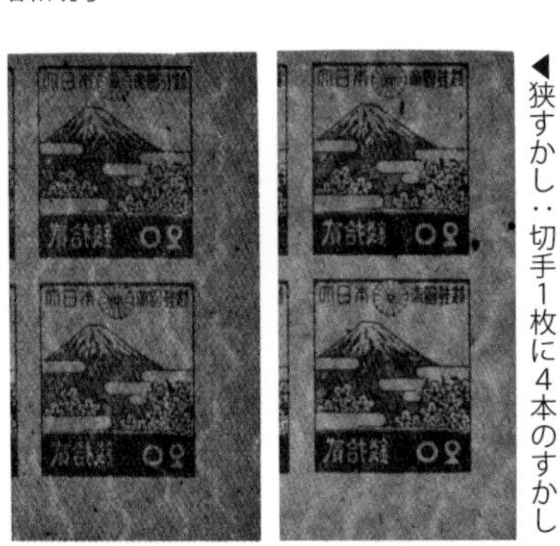

▶正すかし：切手１枚に３本のすかし

◀狭すかし：切手１枚に４本のすかし

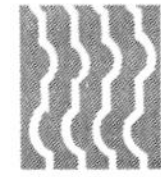

あります。「正すかし」は切手の中に３本、狭すかしは４本のすかしが入っています。用紙との関係では、「狭すかし」は灰白紙にしかありませんので注意してください。

刷色にも多くのバラエティがあります。とくに多いのは飛燕５銭と富士と桜10銭で、『普専』では７種ずつが掲載されています。飛燕５銭の場合は、昔から“北海道版”といわれていた青色の切手が有名で、緑色から青色まで、くすみ緑、暗い緑、鮮やかな緑、青味緑、緑味青、青、鮮やかな青の７種に分類できます。

▶…裏写り・二重印刷・定常変種

このほか第２次昭和切手と同様に、鮮明なものから一部裏写りのものまで、「裏写り」の切手がすべての額面の切手で見られます。また、一部の切手には「二重印刷」（ダブルプリント）の切手もあり、とくに富士と桜10銭に多く見られます。

厳島神社30銭
裏写り

富士と桜10銭
二重印刷

近年、第３次昭和切手の研究が進み、数多くの定常変種が報告されています。あまりに多過ぎて、『普専』では掲載をしていませんが、未発表のものが見つかる可能性も大いにあります。

■ ３銭桜と盾の定常変種

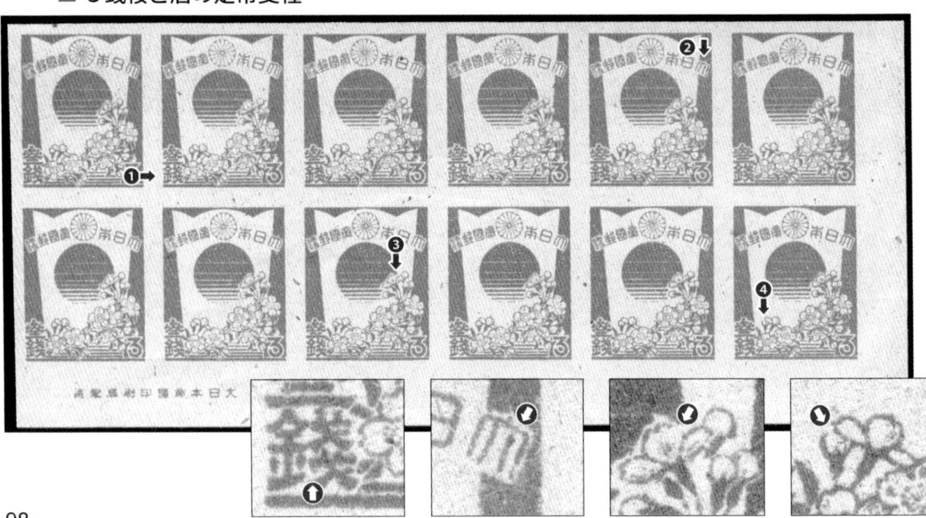

❶86番「銭」かぎ　❷89番「大」欠損　❸97番「花」欠損　❹100番「蕾」欠損

第３次昭和切手　―消印・使用例―

エンタイアは多数貼、混貼にも着目を…

戦争による混迷の時代に発行されたため、郵便物が少なく、第３次昭和切手の使用例は、１枚貼だけを集めていてもすぐに行き詰まってしまいます。多数貼、混貼にも着目して、範囲を拡げて収集を楽しんでみましょう。

■消印のバラエティより

厳島神社30銭・C欄三星

神戸福原 昭和2(1).8.10。

富士と桜10銭・欧文櫛型印（左）とC欄東京"府"（右）

OSAKA 1948.4.26 NIPPON

落合長崎 昭和21.10.2。C欄東京府の戦後再使用。C欄東京府については95ページを参照されたい。

第３次昭和切手が発売されたのは、戦時中から終戦直後にかけてです。国民は生活が窮乏し、郵便など出す余裕がない状態でした。この時期は郵便物が極端に少なく、消印、エンタイアの収集は難しい分野になります。

●…消印と追放切手

櫛型印は、基本的には「C欄都道府県名」と「C欄三星」、それに「為替記号」しかありません。告示では、昭和18年(1943)２月に「都道府県名」を使うように指示されていましたが、実際には印顆が配布されず、非郵便印の「三星」を郵便に使い続けた郵便局が多かったようです。靖国神社１円のような、使用済そのものがほとんどない切手は難しいですが、一応、第３次昭和切手を３つの消印で揃えることは可能です。

機械印（唐草印）は、戦時中も比較的大きな局で使われ、はがきに加貼した切手には、機械日付部の押印されたものがあります（次㌻❸）。また、和文ローラー印も使われましたが、ほとんどが戦後使用で、遅くまで使われた切手には「県名カタカナ入り」もあります。なお、上記のうち、機械日付部の消印は、高額切手（１円、５円、10円）では未発表です。

第３次昭和切手には、“追放切手”があります。戦後、連合軍総司令部の指示により、軍国主義、侵略政策、神道などに関連する図案の切手が、昭和22年（1947）６月29日（１円のみは昭和21年５月16日）で発売停止、８月31日限りで使用禁止になりました。盾と桜３銭、飛燕５銭（＃268）、勅額10銭、厳島神社30銭、靖国神社１円、藤原鎌足５円の６種類です。

これらの切手は使用期間が短いということもあり、消印の種類も少なくなっていますが、“追放”を免れた切手は後々まで使われ続けました。富士と桜10銭には昭和30年代の消印もよく見かけます。そうした切手には復活Z型*、櫛型外郵印も比較的多く見られます。

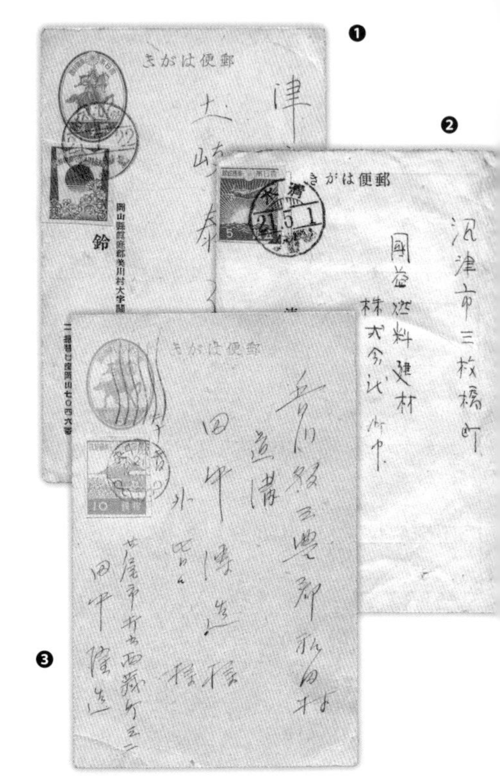

❶盾と桜３銭・はがきに加貼（短期使用）。新楠公はがき２銭に加貼。岡山・木山 昭和21.7.22、Ｃ欄岡山縣。　❷飛燕５銭・私製はがき（短期使用）。清水 昭和21.5.1、Ｃ欄静岡縣。　❸富士と桜10銭はがきに加貼。大型楠公はがき５銭に加貼。大阪中央 昭和21.12.23、唐草機械印。

…適正使用は難しい

ここで、第３次昭和切手発売前後の郵便料金の変遷を見てみます。

料金改定日	書状	はがき	書留	速達
昭和20（1945）.４.１	10銭	５銭	30銭	30銭
昭和21（1946）.７.25	30銭	15銭	１円	１円
昭和22（1947）.４.１	1.20円	50銭	５円	４円

＊第三種、四種、五種はほとんど使用されなかった。

これを見ますと、昭和20年から２年間に封書料金は12倍という値上がりになっています。そのため、第３次昭和切手も郵便料金に適用しなくなり、加貼用に使われるものが多くなっています。

以下、額面別に見てみます。

▶盾と桜３銭…第三種便（低料金）用ですが、この使用例は未見。ほとんどが楠公はがき２銭に加貼されて使われました（❶）。

▶飛燕５銭…はがき用に使われました（❷）。額面の切りがよく、２枚貼書状、昭和21年７月以降は３枚貼はがきとしても使われています

▶富士と桜10銭…書状料金。はがき15銭の時、楠公はがき５銭に加貼用として広く使用（❸）。３枚貼封書30銭、５枚貼はがき50銭、４枚貼・速達便40銭としても使われています。また、珍しい使用

＊昭和24～25年（1949～50）にC欄の時刻表示が復活したが、当初は戦中に廃止されたZ型（84ﾍﾟｰｼﾞ参照）が使用された。

❹

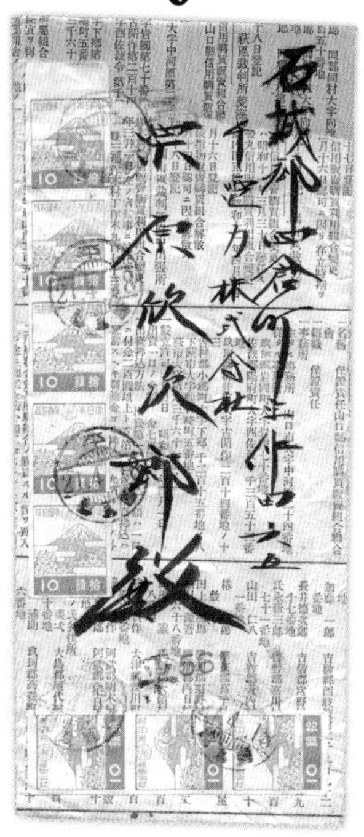

❺

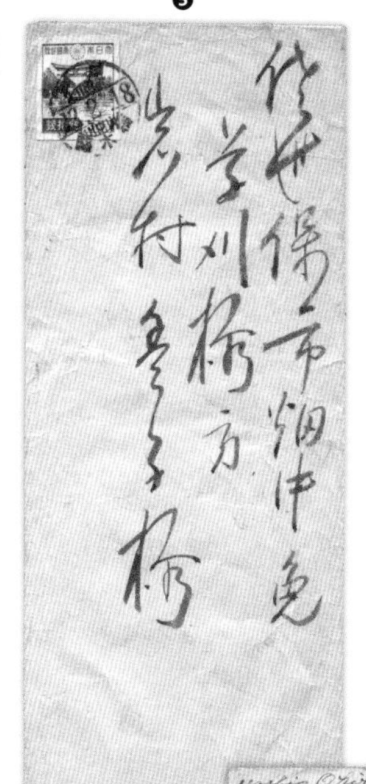

❻

❻飛燕（青）5銭・第1種便（封書）。甲南 昭和22・10・29、C欄滋賀縣。
❼炭坑夫50銭 外信はがき（船便）。京橋 昭和21・9・26、C欄東京都。郵便検閲印、米国宛。終戦直後の外信便。

❼

❹富士と桜10銭８枚貼・訴訟書類書留便。平 昭和21.4.18、C欄福島縣。書状10銭＋書留30銭＋訴訟書類40銭。※紙は貴重品で、封筒は裁判所関係の印刷物で手作り。
❺厳島神社30銭・第１種便（短期使用）。足利 昭和22.2.18、C欄栃木縣。

例として、昭和21年４月18日の訴訟書類書留便８枚貼というものもあります（❹ 書状10銭＋書留30銭＋訴訟書類40銭）。

▶富士と桜20銭…１枚貼適応料金に該当する郵便はありません。６枚貼で封書1.20円に適応。

▶厳島神社30銭…書留、速達加貼用ですが、使用例は少ない。昭和21年７月以降に封書（30銭）に使われましたが（❺）、同年８月に１次新昭和・五重塔30銭（＃282）が発行されていますので、以降の使用例はあまり多くありません。

▶炭鉱夫50銭…昭和22年４月改定のはがき料金。

▶１円以上の額面の切手…特殊郵便物引受帳や小包郵便物差出票に貼付されているのを見かけますが、郵便使用は多くはありません。藤原鎌足５円・富士と桜20銭の混貼で、昭和22年４月４日の速達便（封書1.20円＋速達４円）と、梅花模様10円・富士と桜20銭混貼で、22年６月２日の書留速達便（封書1.20円＋書留５円＋速達４円）があります。それぞれ適応使用ではありませんが、このようなものでも現存数は余り多くありません。

高額切手　―消印・使用例―

電話関係申請書類のために発行

高額切手はその発行目的が郵使用でなく、他のシリーズとはまったく異なるため、発行順ではなく、番外という意味で、戦前編の最後に扱うことにしました。非郵便使用のため、変化に乏しく収集の難しいシリーズです。

■ 高額切手のデータ一覧（旧高額５円・10円、新高額５円・10円）

	発行日	すかし	目打
旧高額切手			
白紙５円・10円	1908年（明治41）2.20	すかしなし	単線12
毛紙５円・10円	1914年（大正３）5.20	大正すかし	単線12
新高額切手			
大正毛紙５円・10円	1924年（大正13）12.1	大正すかし	単線12・13・13½・13×13½
昭和白紙５円・10円	1937年（昭和12）11.1	昭和すかし	単線13½・13×13½

■ 電話機設置場所変更請求書

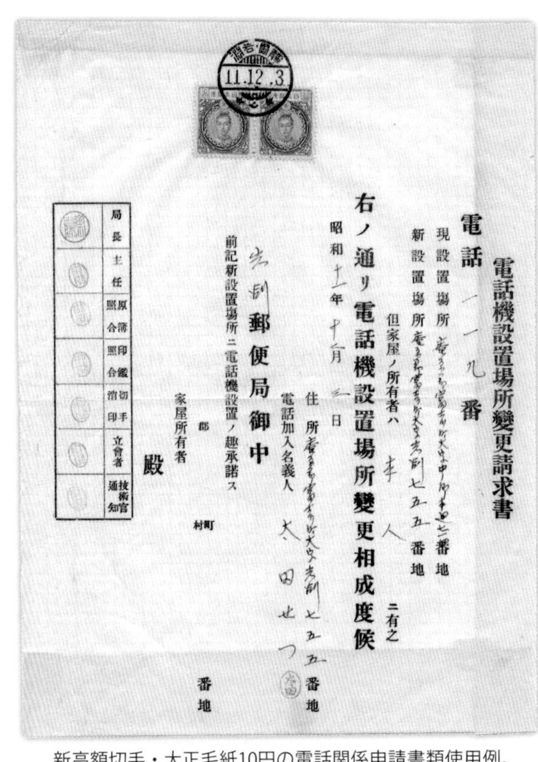

電話機設置場所變更請求書

電話　一一九　番

現設置場所　[illegible]番地

新設置場所　[illegible]七五五番地

但家屋ノ所有者ハ　本人　ニ有之

右ノ通リ電話機設置場所變更相成度候

昭和十一年十二月三日

住所　[illegible]七五五番地

電話加入名義人　太田せつ

岩淵郵便局御中

前記新設置場所ニ電話機設置ノ趣承諾ス

郡　村町　番地

家屋所有者

殿

局長	主任	原簿照合	印鑑照合	切手消印	立會者	技術官通知

新高額切手・大正毛紙10円の電話関係申請書類使用例。櫛型Ｃ欄三星。静岡・岩淵 昭和11.12.3。

戦前、電話を設置するには多額の資金を必要としました。そうした電話の架設など、電話関係申請書類に使用するために発行されたのが高額切手です。切手の図案は「古事記」や「日本書紀」に登場する伝説上の人物・神功皇后（じんぐうこうごう）を描いています。

1923年（大正12）の関東大震災で印刷局が焼失し、原版が破

◀切手部分

損してしまったため、それ以前に発行されたもの＝旧高額切手と、印刷局復旧後に発行されたもの＝新高額切手では、神功皇后の図案が異なり、さらに用紙、すかしなどによって４種類に分類されます。

高額切手の５円を単純に今の郵便料金に換算すると、約13,000円にもなります。高額なのでカタログ評価も高く、未使用で揃えることはまず不可能と考えたほうがよさそうです。ただし、「みほん」は未使用よりずっと安価で、タイプもいろいろありますので、入手の機会があるかもしれません。

新高額切手には目打のバラエティがあります。いずれも単線目打ですが、13、13½はその気になって探さないと、なかなか見つかりません。わずかの違いなので、目打ゲージは必需品です。

■ 旧高額切手５円の見本切手

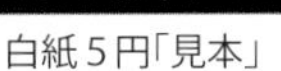

白紙５円「見本」　毛紙５円「みほん」

■ 新高額切手大正毛紙５円の目打バラエティ

目打12　目打13　目打13½　目打13×13½

■ 旧高額切手の消印

白紙５円。丸一型便号空欄印。陸前・石巻 明治42.8.7。

白紙５円。櫛型Ｃ欄三星、Ｄ欄☆。大阪平野町 明治44.8.16。

毛紙５円。櫛型Ｃ欄電話局。大阪中央 大正10.9.10。

白紙10円。丸二型Ｃ欄料金収納印。大阪 明治45.7.10。

毛紙５円。欧文櫛型。YOKOHAMA 1918.1.31 Ｃ欄JAPAN。

◉…高額切手の消印

収集のポイントは消印になります。いずれも非郵便印が中心です。旧高額切手の白紙には初期使用の丸一型便号空欄印が少ないながらも存在します。旧高額切手では櫛型のC欄三星、C欄電話局、それに丸二型料金収納印があり、新高額切手ではすべて櫛型で、C欄が三星、電話局、為替記号がほとんどです。旧・新高額切手のいずれにも、櫛型C欄時刻入り

■ 新高額切手の消印

大正毛紙10円。
櫛型C欄電話局。
東京中央
昭和7.7.1。

大正毛紙５円。
櫛型C欄為替記号。
松山 昭和10.7.1。

大正毛紙10円。
欧文櫛型。
TOKIO 1934.8.－。

大正白紙５円。
欧文櫛型（ゴム印）。
YOKOHAMA
1938.3.()1。

大正白紙10円。
櫛型（外地印）。
京城 大正13.10.18。

■ 新高額切手の使用例

新高額切手５円と風景切手10円の混貼。
TOKYO 1929.8.21 ツェッペリンカバー。

■ 新高額切手の銘版

新高額切手５円（上）と10円（下）の銘版。
ともに〈大日本帝国政府内閣印刷局製造〉。

を時々見かけますが、おそらくこれも非郵便使用だと思われます。欧文印も丹念に探せば見つけることができるでしょう。

…ひとつのグループとして

最初に触れましたように、高額切手の使用はほとんどが電話関係申請書類です。旧高額切手は「特設電話加入申請書」、「電話加入申込書」、新高額切手は「電話加入名義変更請求書」、「電話加入譲渡承認請求書」など。稀に郵便使用のものを切手展などで見る機会はありますが、余程の幸運に恵まれない限り入手は難しいと思います。

高額切手は、カタログによってはそれぞれ「菊切手」、「旧大正毛紙」、「新大正毛紙」、「昭和白紙」のシリーズに入れていますが、発行時期などで幾分、ズレがありますので、ひとつのグループとして扱ってもよいと思います。

他の切手と違って、非郵便使用がほとんどで変化に乏しいですが、まとまりがあるシリーズです。

戦後編

新昭和切手から
動植物国宝図案切手まで

切手は各シリーズの第1種書状用額面

第1次新昭和切手　―製造面―

銘版、用紙、すかしの組み合わせでバラエティ豊かに…

敗戦後、新生日本を表す“平和的・文化的”な図案の切手が待望されました。そうした背景の下で発行されたのが「新昭和切手」。炭鉱夫50銭(#300・第3次昭和切手の図版を流用)という例外を除き、国名表示が「日本郵便」となり、昭和切手の「大日本帝国郵便」とは異なるのが、大きな特徴です。

第1次新昭和切手	13種	菊の紋章入り	目打なし
第2次新昭和切手	14種	菊の紋章入り	目打入り
第3次新昭和切手	4種	菊の紋章なし	目打入り

新昭和切手は、菊の紋章の有無、目打なし・目打入りによって、上の3つのシリーズに分かれます。まずは、「第1次新昭和切手」の製造面を取り上げます。

●…国名表示と銘版

「日本郵便」に変わった国名表示の書き方には、右書き(便郵本日)と左書き(日本郵便)があります。第1次新昭和切手の国名表示は、ほとんどが「右書き」で、梅花模様10円だけが「左書き」です。

また、銘版の中の「印刷局製造」にも右書きと左書きがあり、国名表示の場合と同じく、梅花模様10円だけが「左書き」です。銘版は、他に「日本国印刷局製造」が法隆寺五重塔30銭(目打なし糊なし・#282)、北斎の富士1円(濃青・#284)、はつかり(落雁図)1.30円、錦帯橋1.50円、能面50円にあります。

■ 国名表示「日本郵便」＋銘版「印刷局製造」

第1次新昭和切手の国名表示と銘版は、右書きがほとんど。

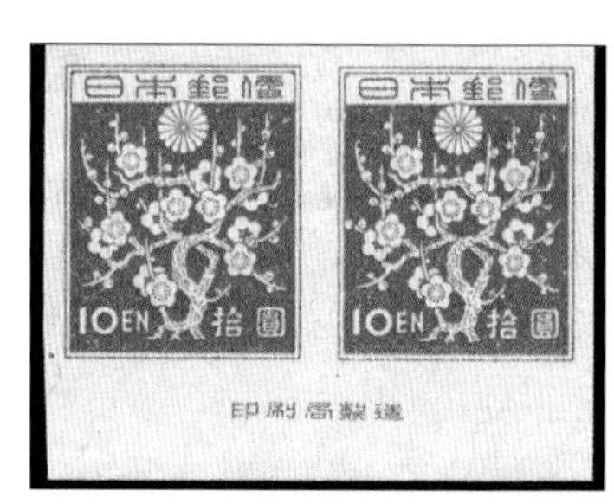

梅花模様10円は国名表示も銘版も、第1次新昭和切手唯一の左書き。

さらに法隆寺五重塔30銭(目打なし糊なし・#282)と北斎の富士1円(濃青・#284)の「日本国印刷局製造」には、銘版の長さにより〈長銘〉と〈短銘〉が存在します。

■ 国名表示「日本郵便」
＋銘版「日本国印刷局製造」
法隆寺五重塔30銭（＃282）

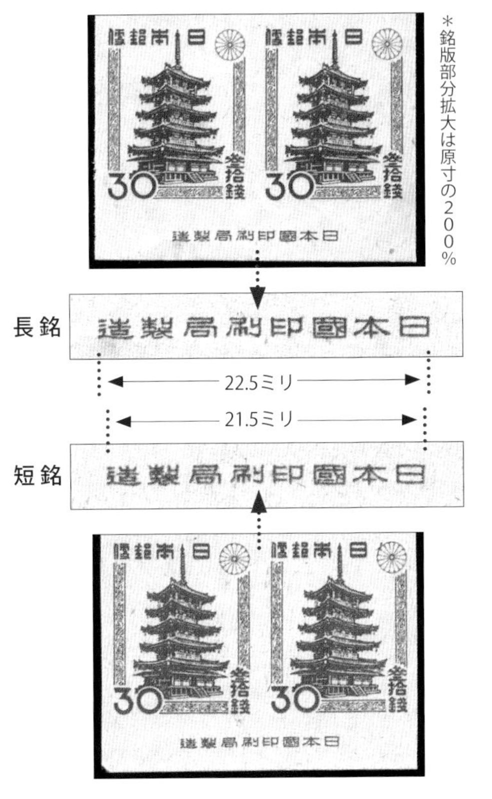

…用紙とすかし

用紙は「灰白紙」と「白紙」だけで、第３次昭和切手にあった「粗紙」はなくなりました。ほとんどの切手に「灰白紙」「白紙」の両方がありますが、法隆寺五重塔30銭（糊あり・＃283）と金魚５円（糊あり・＃290）、梅花模様10円は「灰白紙」のみ、能面50円と梅花模様100円は「白紙」だけとなっています。

すかしも第３次昭和切手と同様、「狭すかし」が多くの切手に存在しますが、北斎の富士１円（淡青・＃285）と２円以上の切手にはありません。

すかしで興味深いのは「横すかし」です。前島密15銭と能面50円（下）にあります。前島密15銭にはあまり多くはありませんが、能面50円は「正すかし」と同じくらい存在します。

横すかし（透過光撮影）

第１次新昭和切手の楽しさは、これらの銘版、用紙、すかしの組み合わせによって、バラエティが豊かになり、収集の楽しさを充分に味わえることでしょう。

…刷色と定常変種

さらに、刷色にもバラエティがあります。印刷局がなかなか復旧しなかったため、この第１次新昭和切手も多くの民間印刷工場で印刷され、そこで刷色の変化が生じました。

最も刷色の変化が多いのは、北斎の富士１円（＃284）で、濃い青から淡い青まで、その中間色まで含めると何種類にもなります。この北斎の富士１円は濃い青で消印が読めないため、通達によって淡い青（＃285）に改色されましたが、改色された切手の中でもやや濃い青のものがあります。濃青（＃284）の切手と淡青（＃285）の切手は、印面の“稲妻の切り込み”によって「タイプⅠ」と「タイプⅡ」に分類されます（次）。

また、記念切手の「切手趣味週間」小型シート（＃C115）を切り取り、単片にしたものをよく見かけますが、これは淡青であっても、「タイプⅠ」であることが印面

新昭和

■ 北斎の富士１円の刷色とタイプ

濃青（＃284）

淡青（＃C115）
「切手趣味週間」小型シート
の切り抜き単片

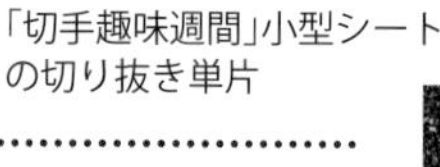

タイプⅠ

稲妻の切り込み
がある

タイプⅡ

稲妻の切り込み
がない

淡青（＃285）

■ 定常変種より

◀北斎の富士１円「Ｅが６に変形」（＃284・２番切手）

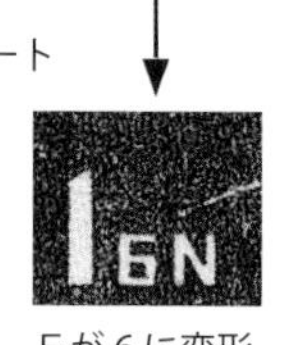

Ｅが６に変形

▶錦帯橋１・50円「橋の欄干および人物頭部欠け」（79番切手）

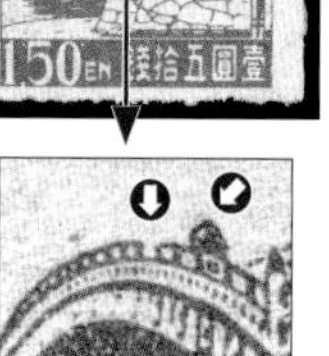

正規の状態

◀はくちょう（落雁図）１・30円「下の雁の上に横線」（94番切手）

正規の状態

から分かります。

第１次新昭和切手の研究が進み、多くの定常変種が発表されています。『普専』にも掲載されていますが、そのほとんどがルーペなしでも確認できるものです。第１次新昭和切手の面白さは定常変種探しにある、と言い切る人もいるほどですが、実際には入手に相当な努力と根気が必要なようです。北斎の富士１円（濃青・＃284）の「紋章白抜け」や金魚５円（糊なし・＃289）の「尾ひれはみ出し」などは特に少ないようです。

この他のバラエティとしては、第３次昭和切手と同様、「裏うつり」と「ダブルプリント」があります。

●…注意したい偽造品

某オークションで、北斎の富士１円の「紋章白抜け」が出品されていました。しかし、現物を拡大ルーペで見てみると、菊の紋章の印面をナイフで削って白抜けにした「偽造品」でした。

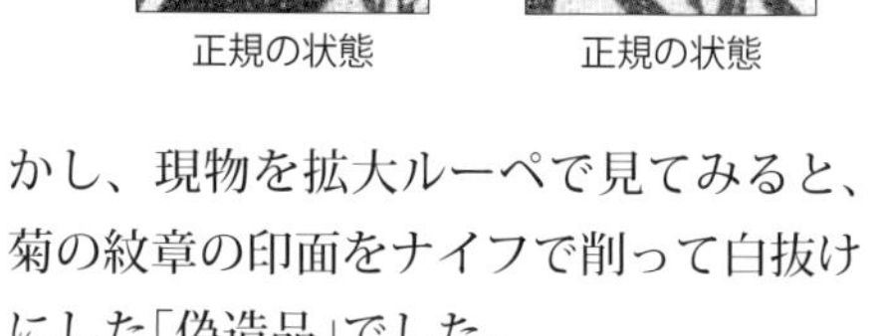

やはり北斎の富士１円（＃284）の「Ｅが６に変形」の定常変種が加工されたものも見つけました。巧妙な「偽造品」はかなり市場に出回っている恐れがありますので、注意が必要です。

収集メモ 北斎の富士１円は“奥の深い”切手です。「切手趣味週間」小型シート（＃C115）の版欠点、定常変種などを含めると、まとまったコレクションが出来上がります。

リーフ紹介

■第１次新昭和切手15銭の定常変種

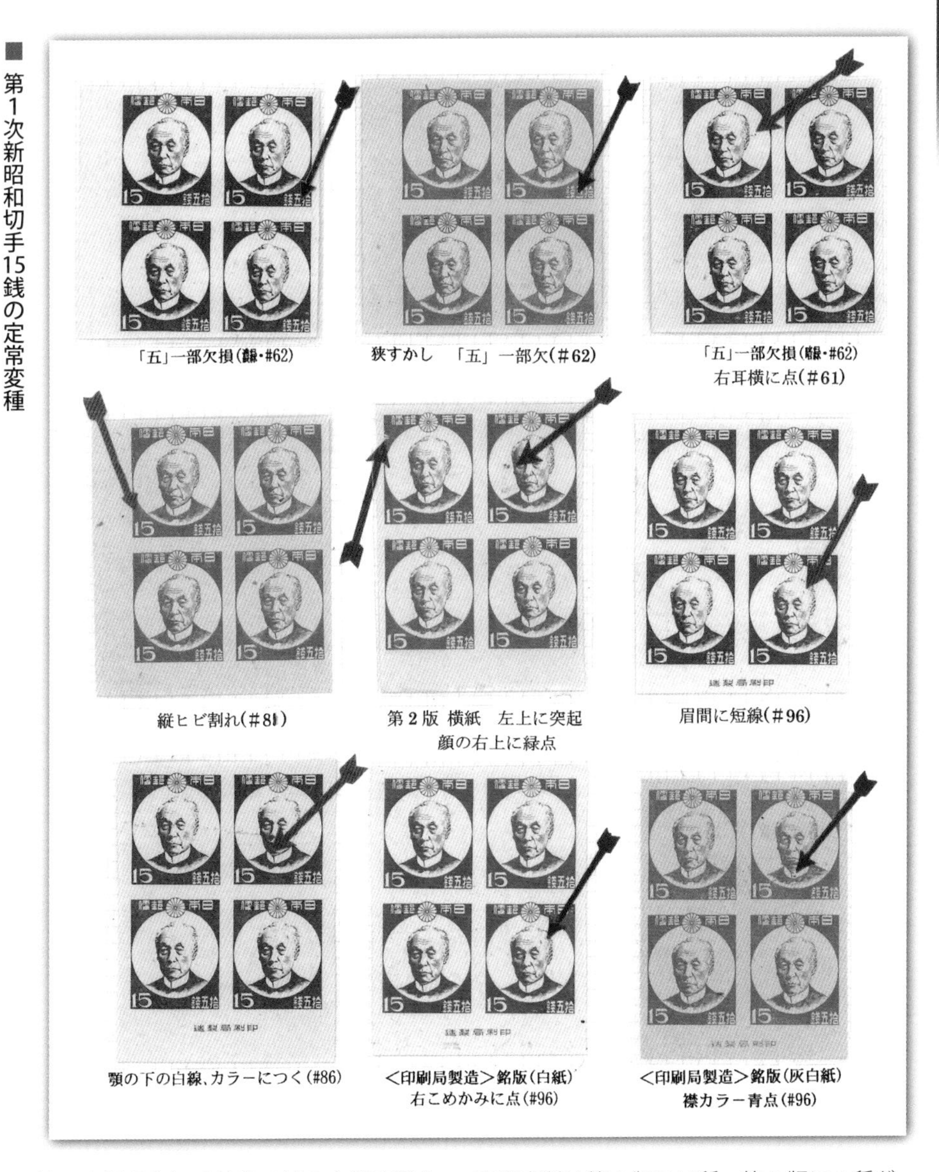

第１次新昭和切手前島15銭の定常変種を示したリーフ。耳紙や銘版をつけて、できるだけ定常変種の位置が分かるようにしています。前島15銭には第１版と第２版があり、定常変種は第１版に15種、第２版に９種が『普専』に掲載されています。前島15銭は平版オフセットで製造され、版欠点や定常変種が多く、"楽しめる"切手です。

第１次新昭和切手　―消印・使用例―

初期使用にこだわらず時期を拡げて集める

第１次新昭和切手の発行時は、終戦間もない混乱の時代。郵便そのものがあまり使われていません。一方で、"切りのいい"額面が多く、ずっと後まで使われました。このシリーズは消印、使用例とも、後の時代まで時期を拡げて収集するのが、その面白さを味わうコツかも知れません。

料金改定日	書状	はがき	第３種	書留	速達
昭和21年(1946).7.25	30銭	15銭	15銭＊1／5銭＊2	1円	1円
昭和22年(1947).4.1	1.20円	50銭	50銭／15銭	5円	4円

＊１：２以外のもの、＊２：日刊新聞、官報等。

■ 消印のバラエティより

北斎の富士１円（＃284）・C欄島根縣。島根・田所 昭和22.11.4

北斎の富士１円(＃284)・C欄三星。長崎・奈良尾 昭和21.12.20。

清水寺２円・C欄為替記号「ゑわ」。岩手・一戸 昭和22.1.6。

清水寺２円・欧文櫛型印。OSAKA 1948.2.20 NIPPON。
＊欧文印は昭和24年（1949）の郵政省公示で、C欄が「NIPPON」から「JAPAN」になる。

…切手が使いづらい

第１次新昭和切手のトップを切って、昭和21年(1946)８月１日に北斎の富士１円(＃284)が急遽、発行されました。これは靖国神社１円がGHQの命令により発売停止となったための、"代替切手"としての発行です。しかし、消印が見えづらいという理由で、すぐに“淡い青”の北斎の富士1円(＃285)に変わりました。

北斎の富士1円が発行されたのは、敗戦後1年も経っていない時期です。経済がまだ混乱状態の中、国民は“総飢餓状態”でした。そのような昭和21年に、第1次新昭和切手13種中の9種までが発行されています。さらに第1次新昭和切手は目打なし・糊なしの切手です。いちいち切手を鋏（はさみ）で切り取り、一般家庭ではご飯粒を潰して、糊の代用にするなどしていました。

切手の使いづらさは国会でも問題となり、時の逓信大臣が「早急に目打、糊つきの切手を作る」ことを、約束させられたほどです。

このような状態ですから、切手を貼った郵便物が極めて少ないことは、想像に難くありません。とくに昭和21年の消印はあまり見かけません。それでも21年の12月中旬には、少しずつ郵便の利用が多くなります。この時期の消印(郵便印)は戦前からの延長で、「C欄都道府県名」と「C欄三星」のみです。

ちなみに、このシリーズには1円、2円、5円、10円といった“切りのいい”額面が多くあったため、後々まで使われました。五重塔30銭(目打なし糊なし・＃282)なども昭和30年代の別納消も存在します。

●…適正使用が多くない

第1次新昭和切手は、昭和21年7月25日の料金改定のために発行されましたが、8ヵ月後に再び大幅な値上げが行われています。

北斎の富士1円は、この時期、書留、速達の加貼用として使われました。また、五重塔30銭は第1種(書状)料金ですが、第2次新昭和切手の糊ありで、目打代わりにルレット(切れ目)を施した秀山堂30銭(＃294)が1ヵ月半後、糊なし・目打入りの五重塔30銭(＃295)が2ヵ月後に発行され、書状用としての使用はそれほど多くはありません(❶)。

■ 第1次新昭和切手の使用例から

❶

五重塔30銭(＃282)・第1種便。平塚 昭和22.2.25、C欄神奈川県。

❷

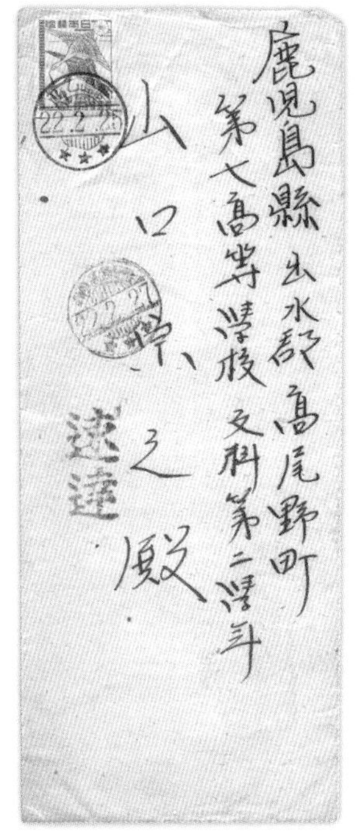

はつかり1.30円・速達便。鹿島乙丸 昭和22.2.25、C欄三星。

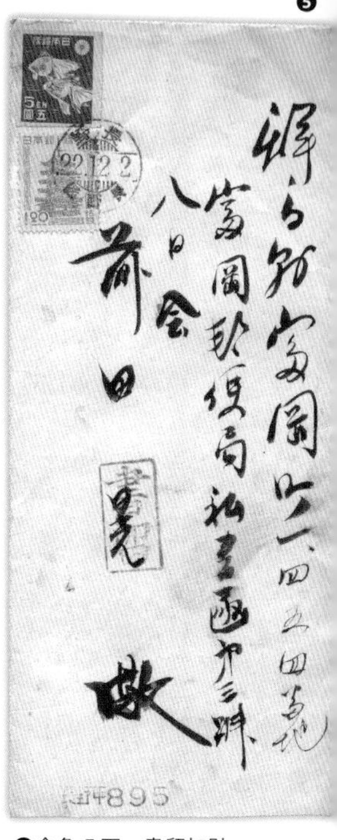

❹前島15銭・第３種便。
島根・波根東 昭和22.6.18。C欄島根縣。

❸前島15銭・第２種便。
京橋 昭和22.1.29、C欄東京都。

❺金魚５円・書留加貼。
長野 昭和22.12.2、C欄長野縣。第２次新昭和切手1.20円との混貼。
❻北斎の富士１円・外信船便書状
鞍馬 昭和22.1.21、C欄京都府。
検閲印付き。

はつかり1.30円は書状の書留、速達として使用されました（前ﾍﾟ❷）。前島密15銭は、遅れて11月20日に発行されました。第２種（はがき）（❸）や第３種郵便（❹）として使用範囲は広いのですが、現存数は多くありません。使用期間が４ヵ月余りしかなかったためかもしれません。

第１次新昭和切手の適正使用が多くないままに、昭和22年４月１日の料金値上げになります。ここでの適正使用は金魚５円（＃290）だけです。書留加貼用（❺）として使用されましたが、他の額面の切手との混貼使用、またはその後の料金改定の際の適応料金として使用されることになります。

●…再開した外国郵便

外国郵便について少し触れます。外国郵便は昭和21年９月10日から船便が再開され、書状料金は１円でした。使われた切手は発行直後の北斎の富士１円です。

この切手の１枚貼（❻）は人気があり、とくに欧文印を押したものはオークションでも高値で落札しています。外国郵便料金は翌年４月１日に書状が４円に値上げされますが、ここでも北斎の富士４枚貼があり、こちらも人気が高いようです。

第２次新昭和切手　―製造面―

豊富なバラエティ…
五重塔30銭だけを専門収集する人も

第２次新昭和切手はいまだ復興期の発行で、第１次との違いは"切手に目打が入った"というだけです。"ルレット"を施した秀山堂切手というユニークな切手を含み、また、それ以外の切手もさまざまなバラエティや変化に富んでいて、いろいろな角度から収集を楽しむことができるシリーズです。

■ 秀山堂切手　銘版のＮ版とＳ版

銘版Ｎ版　「式」の字が正常→

銘版Ｓ版　「式」の字の上に横棒付き→

■ 秀山堂30銭の定常変種

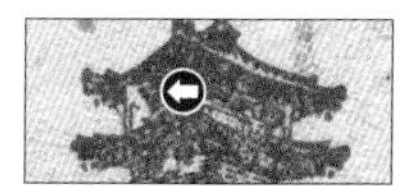

▲ホワイト・アロー

▲ダブル・ベル

▲ブロークン〈参〉

●…ユニークな秀山堂切手

第２次新昭和切手は、昭和21年(1946) ９月から23年(1948) ３月までに発行された14種で、一部は発行時期が第１次と重複しています。

戦災のため、印刷局が完全には復興しておらず、とくに当時最も需要が多かった書状料金の30銭切手を、目打入り、糊つきにする設備もありませんでした。そこで止むなく、民間のシール製造会社「平山秀山堂」に印刷を依頼したのです。

ここで作られた五重塔30銭切手は一般に「秀山堂切手」(#294)と呼ばれていますが、日本切手の中でも大変ユニークな切手です。まず目打代わりの「着色ルレット」という切れ目が施されます。また、銘版が「株式會社平山秀山堂謹製」となっています。以前にも切手の印刷を民間会社が請け負うということはありましたが、銘版はすべて、国の印刷所名を使っていました。それがこの切手だけ、民間会社名となっているのです。

この秀山堂切手の銘版には２種類あります。株式会社の「式」の文字が正常なもの(ノーマル＝Ｎ版)と上に横棒があるもの

収集メモ 秀山堂切手のブロックやシートの取扱は"油断禁物"。裏に厚紙を当てるなどしないと、バラバラになって大変なことに…。私も過去、大失敗をした経験があります。

■ 第２次新昭和切手　五重塔30銭（#295 ～ 297）のバラエティ一覧表

切　手	紙　質	すかし	目打数	銘　版	枠　線
糊なし（#295）	白　紙	正すかし	13×13½	日本国印刷局製造 （長銘・短銘あり）	白　耳
	灰白紙	正すかし 狭すかし	12 12×12½		
糊つき（#296）	灰白紙	正すかし 狭すかし	13×13½ 12×12½	日本国印刷局製造（長銘） 印刷局製造（右書）	白　耳
国名左書（#297）	灰白紙	正すかし	13×13½	印刷局製造（左書）	霞　罫

（セリフつき＝Ｓ版）の２種類。秀山堂切手には１枚１枚の切手に特徴があり、実用版（全５版）によっては、切手をバラバラにしても再構成することができます（リコントラクション）。また、大きな定常変種が３つあり（ホワイト・アロー、ダブル・ベル、ブロークン〈参〉）、50面シートの中で版によって定常変種の位置が異なるのも興味深いものです。

この他、秀山堂切手は横紙が多く、また用紙の継ぎ目に印刷した切手が存在するなど、色調の変化と合わせてバラエティが多い切手です。

秀山堂切手に続いて五重塔30銭の「目打つき・糊なし」（#295）、「目打つき・糊あり」（#296）、「国名左書」（#297）の切手が発行されました。これらを用紙、糊、枠線、目打形式、目打数、銘版などで細かく分類すると14種類になります。１次新昭和・無目打の五重塔30銭切手、秀山堂切手などをあわせると22種にも分類ができて、五重塔30銭だけを専門に収集している人もいます。

◉…秀山堂以外の切手

30銭以外の切手にも触れます。まず目打数です。

ほとんどは13×13½ですが、数字45銭と捕鯨５円だけに11×13½の目打があります。

銘版は「日本国印刷局製造」、「印刷局製造（右書）」、「印刷局製造（左

■ 目打11×13½

数字45銭と捕鯨５円だけに存在する11×13½目打。

■ 銘版のバラエティ❶

日本国印刷局製造

印刷局製造（右書）

■ 銘版のバラエティ❷

印刷局製造（左書）

印刷庁製造（旧庁）

■ 定常変種より

数字35銭（96番）

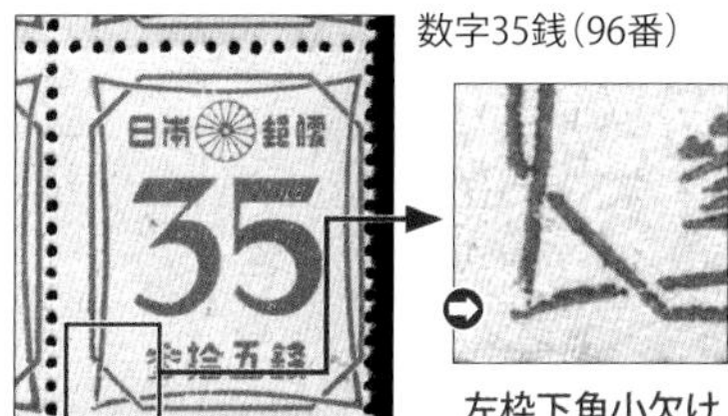

左枠下角小欠け

捕鯨５円（４番）

鯨の尾欠け

五重塔30銭（＃297）（52番）

「臼」本郵便

書）」「印刷庁製造（旧庁）」の４種類。「印刷局製造（左書）」はすべての額面にありますが、「日本国印刷局製造」は五重塔30銭（#295・296）と能面50円に、「印刷局製造（右書）」は五重塔30銭（#296）と能面50円、梅花模様100円、「印刷庁製造（旧庁）」は前島密１円とはつかり４円に存在します。

定常変種は、すべての額面で複数確認されています。特に数字35銭や数字45銭、捕鯨５円には多くの定常変種があって収集にはずみを与えてくれます。

定常変種とは違いますが、第２次新昭和切手の多くに、「寸詰まり」と言う現象が生じている切手があります。これは印面の縦サイズが正常なものより短くなっているもので、ほとんどは上部の印刷がつぶれたりかすれたりしています。

この他、第２次新昭和切手は、多くの切手で紙質や目打形式、枠線の変化があり、全体として充分収集を楽しむことができるシリーズです。

■ 寸詰まりの現象

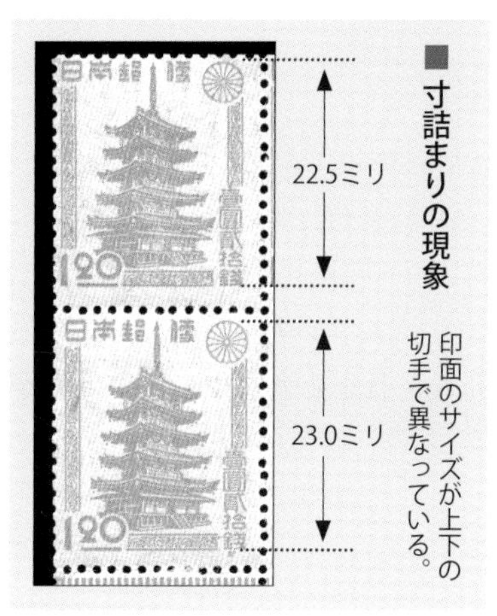

印面のサイズが上下の切手で異なっている。

第２次新昭和切手　―使用例・消印―

使用例の中には思わぬ“珍品”が潜んでいる

第２次新昭和切手の発行時には、２回の郵便料金改定がありました。しかし、改定日前に発行された切手は少なく、なかには１年近く後で発行されるケースもあり、適正使用のエンタイアにはかなり苦労します。

料金改定日	書状	はがき	第３種	第４種	書留	速達
昭和21年(1946).７.25	30銭	15銭	15銭*1／５銭*2	30銭	１円	１円
昭和22年(1947).４.１	1.20円	50銭	50銭　／15銭	1.20円	５円	４円
昭和23年(1948).７.10	５円	２円	２円　／50銭	４円	20円	15円

＊１：２以外のもの、＊２：日刊新聞、官報等。

この時期の郵便料金の改定表を見ると、昭和21年(1946)～23年(1948)にかけて、約４倍の料金に２度も値上げがされています。この値上げ幅は戦前戦後を通じて最大で、それだけインフレが激しかったことを物語っています。

●…書状とはがき加貼用の発行

第２次新昭和切手で最初に発行された五重塔図案の秀山堂30銭(＃294)、国名右書30銭(＃295、296)、国名左書30銭(＃297)は、いずれも昭和21年(1946) ７月25日の料金改定では、第１種(書状)に適応する切手でした。しかし、昭和22年４月１日の改定により、使い道がなくなってしまいました。

そのため、五重塔30銭はきわめて短期間しか使われていません。秀山堂30銭(昭和21年９月26日発行)は６ヵ月半、国名右書・糊なし(同年10月発行)は５ヵ月、国名左書(昭和22年２月12日発行)に至っては、わずか１ヵ月半ほどしか適正期間がありませんでした。国名左書の１枚貼エンタイアは、“珍品”のひとつにあげられています(❶)。

数字35銭は、昭和22年の料金改定後にいち早く発行されました。この時代は用紙不足のため、封書よりもはがきの方が広く使われていました。数字35銭は桜はがき15銭に加貼し、50銭はがきとして再使用するために、早々と発行されたものです。引き続き発行された数字45銭も加貼用で、５銭はがき(楠公はがき、桜はがき)に加貼して、50銭はがきとして使われました。

五重塔1.20円(＃302)は昭和22年の改定から１ヵ月半後に、書状料金用として発行され、使用例が沢山あります。一方、はがき料金50銭の切手はなかなか発行

■ 五重塔30銭・多数貼の第1種便の例(参考資料)

❶

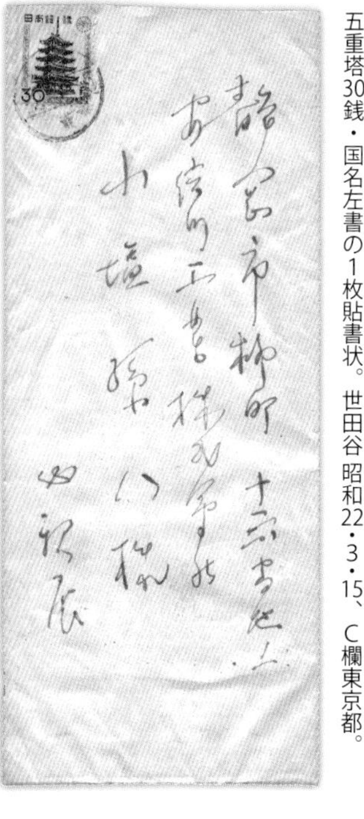

五重塔30銭・国名左書の1枚貼書状。世田谷 昭和22・3・15、C欄東京都。

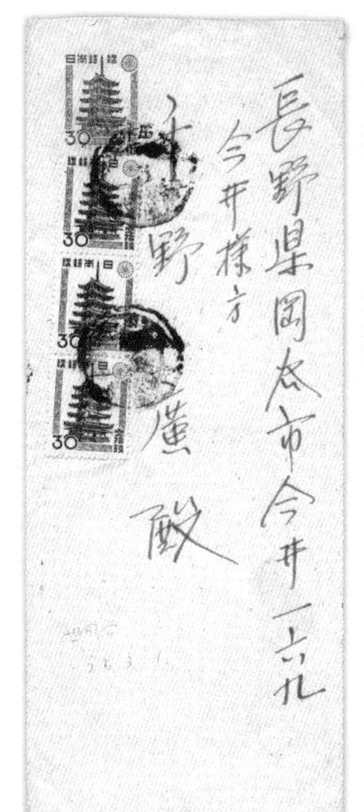

◀国名左書1枚＋国名右書3枚(計1・20円)の第1種便。世田谷 昭和23・3・1、C欄東京都。

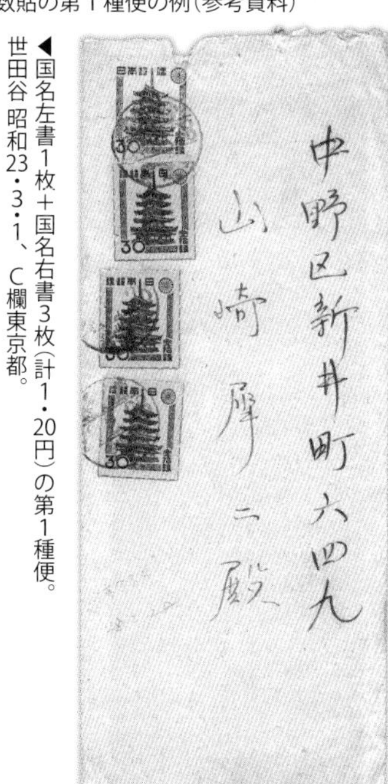

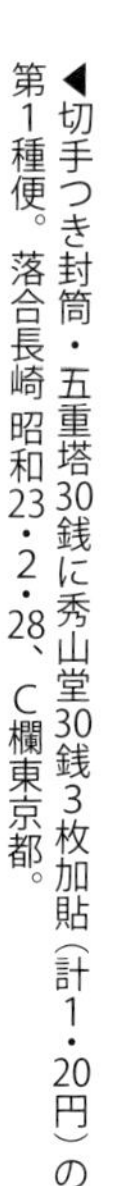

◀切手つき封筒・五重塔30銭に秀山堂30銭3枚加貼(計1・20円)の第1種便。落合長崎 昭和23・2・28、C欄東京都。

されませんでした。図案の選定に手間取ったといわれ、結局は第3次昭和切手の図案を流用し、目打・糊をつけただけで、改定から1年近く経って炭鉱夫50銭(#300)が発行されました。4ヵ月後に、はがき料金は2円に値上げされますので、この炭鉱夫50銭1枚貼の私製はがきも、きわめて珍しいものです(❷)。

❷

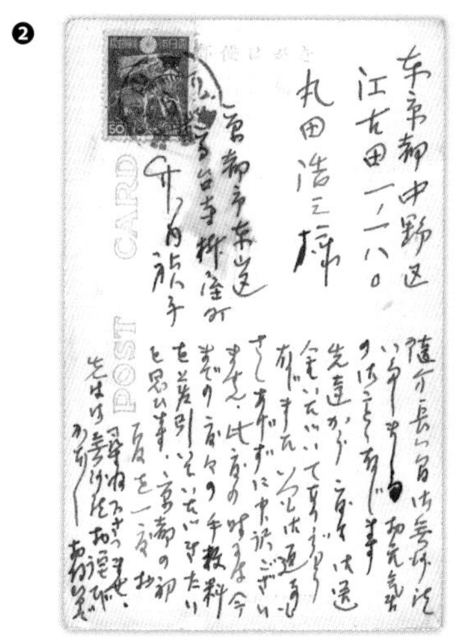

炭鉱夫50銭・第2種便。
東山 昭和23.6.2、C欄京都府。

…その他の額面の使用例

はつかり4円は速達料金、捕鯨5円は書留料金として発行されました。この時期の特殊料金の使用は多くはありませんが、はつかり4円は昭和23年の改定で第4種の料金に適応し(次ページ❸)、外国郵便の書状基本料金にも該当しています。捕鯨5円は昭和23年の改定で書状料金に適応し、変わった使用例としては5枚貼書留便があります(書状5円＋書留20円・❹)。キリのいい額面でもあったため、後々まで使われました。

❸

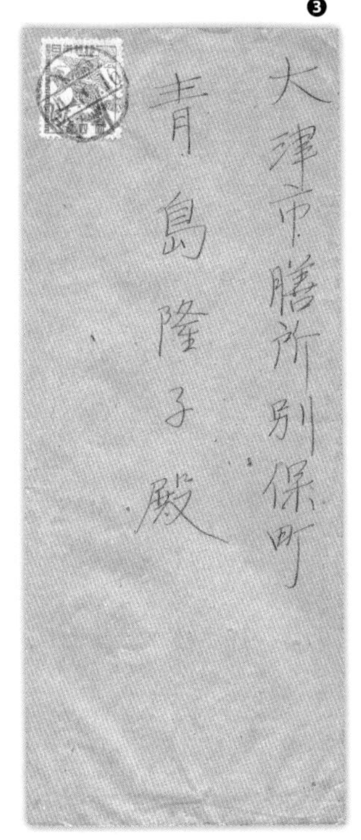

はつかり４円・第４種便。
大津 昭和24.3.16、C欄滋賀縣。

❹

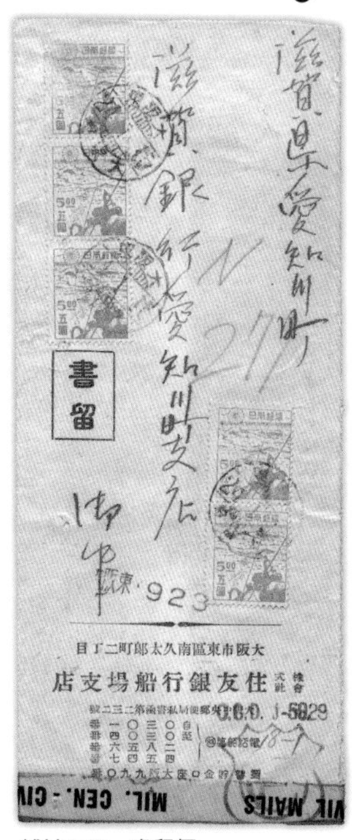

捕鯨５円・書留便。
大阪東 昭和24.1.15、
C欄大阪府。検閲印つき。

■第２次新昭和切手の消印から

五重塔1・20円
伏見 昭和23・6・26、C欄京都府

捕鯨5円
山口・伊上 昭和23・9・9、C欄為替記号

数字45銭
岡山 昭和23・6・3、

前島1円
TOKYO 49・11・1、C欄NIPPON。

前島密１円は適応料金のない切手ですが、はがき２円に該当する切手が発行されなかったことから、２枚貼ではがきに使われた例があります。また、らでん模様10円、能面50円、梅花模様100円も、この時期には適応料金がありません。

…消印は鮮明なものが少ない

第２次新昭和切手の消印を集めるのは、相当な努力が必要です。マルティプルを入れても、捕鯨５円以外は消印だけで１リーフを作るのは難しいと思います。消印は磨滅したものが多く、櫛型印は一般的なC欄都道府県名でも、鮮明に読めるものがほとんどないという状況です。C欄三星、為替記号も限られた額面でしか存在しないようです。機械印（唐草印）ははがき加貼用に使用した数字35銭、45銭、それに1.20円に存在します。そのほか和文ローラー印も局名と年号が読めるものを集めるのが大変です。

櫛型欧文印はC欄に「NIPPON」と「JAPAN」がありますが、ともにこの時期は少なく、あったとしても「NIPPON」がほとんどです。

第３次新昭和切手　―製造面・使用例・消印―

種類は少ないが、収集のしがいがある切手が多い

新昭和切手の最後を飾る第３次新昭和切手は、シリーズ全種とも「日本郵便」が現在と同じ左書、菊の紋章がなくなり、目打入りという３つの点が他の新昭和切手と異なります。昭和23年（1948）７月10日に行われる郵便料金改定のために、同年１月から９月にかけて４種が発行されています。

料金改定日	書状	はがき	第３種	第４種	書留	速達
昭和23年（1948）.７.10	５円	２円	２円＊1／50銭＊2	４円	20円	15円
昭和24年（1949）.５.１	８円	２円	３円　／80銭	６円	30円	20円

＊１：２以外のもの、＊２：日刊新聞、官報等。

昭和23年（1948）５月に開かれた逓信文化委員会で、①「日本郵便」の文字を篆書（てんしょ）体から新字体に改め、額面の「圓」を「円」にする、②漢数字の料額表示を廃止する、などの改革案が示されました。清水寺２円は改革案の前に発行されましたので、従来通りですが、数字1.50円と3.80円は「日本郵便」が新字体になっています。しかし、漢数字は残されたままでした。

らでん模様10円は漢数字が残され、「日本郵便」も篆書体。10円の額面表示は「YEN」で、戦後の普通切手では珍しい表示です。このような細かいところまで切手を見つめていくと、別の面でなかなか興味深いものがあります。

●…製造面の特徴

第３次新昭和切手の用紙は、3.80円は灰白紙のみ。1.50円と２円、10円に灰白紙と白紙がありますが、白紙は後期に製造されただけに全般に少ないようです。定常変種も多くありません。1.50円と２円と3.80円にいくつかが『普専』に掲載されています。

■定常変種より

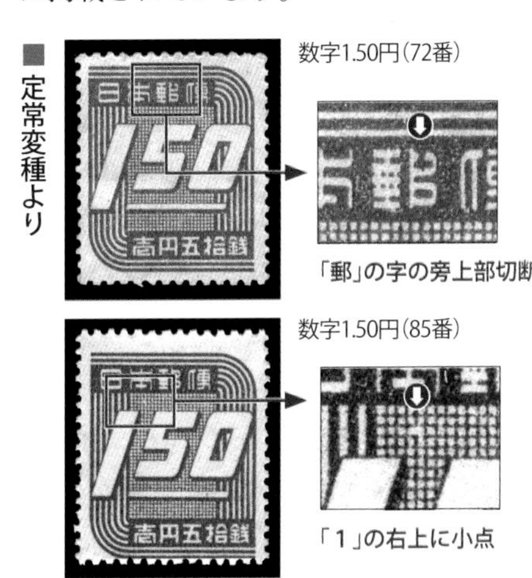

数字1.50円（72番）
「郵」の字の旁上部切断

数字1.50円（85番）
「１」の右上に小点

まだ印刷工程が不安定ということもあり、とくに２円は「寸詰まり」という一種のエラーが印面に表れ、また裏写りが3.80円以外の額面で見られます。

■ 寸詰まりの現象

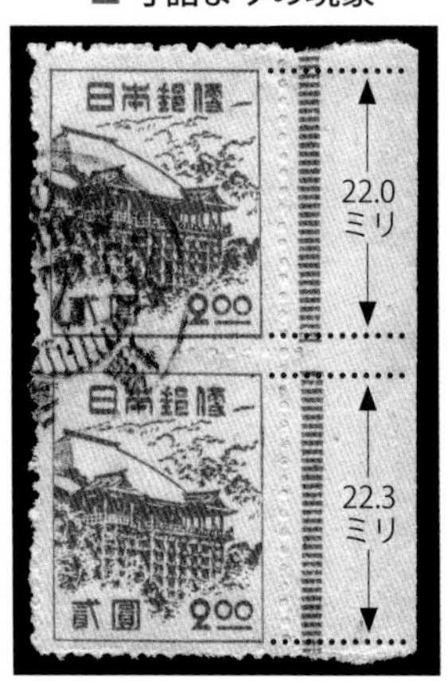

印面サイズが上下の切手で異なっている。

■ 裏写り

らでん模様10円の裏写り。罫線も裏写り。

●…年賀の使用例に注目

昭和23年７月10日の郵便料金改定で、書状は５円、はがきは２円になり、清水寺２円は私製はがきに多く使われました。昭和24年５月１日からは書状が８円になりましたので４枚貼で使われ、第４種(印刷物)が６円になりましたので３枚貼でも使われました。

昭和24年用からは、年賀郵便特別取扱が再開されます(❶)。翌25年には年賀特別図案の消印(機械印、手押印)が使用され、この消印を押した清水寺２円の年賀状は人気があります(❷)。

また外国郵便では昭和22年(1947)から１年半、船便はがき料金２円用に使われました。

数字1.50円と3.80円は加貼用です。1.50円は稲束はがき50銭に加貼して、２円として使ったものがほとんど(❶❸)。使いづらい額面で大量に残ったため、ずっと後の26年の郵便料金改定の際、２円旧議事堂はがきに２枚加貼し、５円として使ったものも多く残されています。

■ 年賀の使用例から

❶

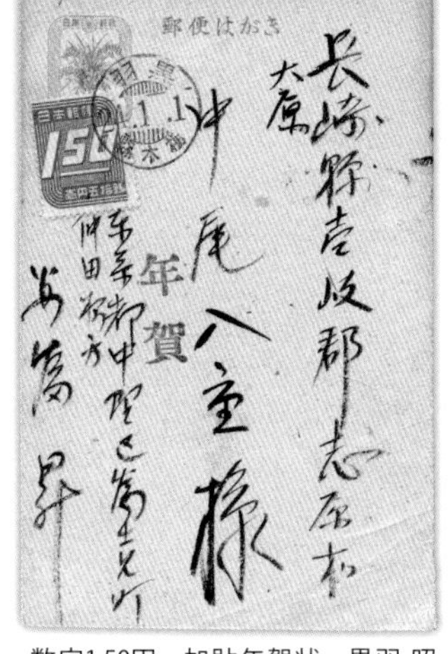

数字1.50円・加貼年賀状。黒羽 昭和24.1.1、C欄栃木縣。稲束はがき50銭に加貼して、年賀状に使用。昭和24年に年賀郵便特別取扱が再開された。

❷

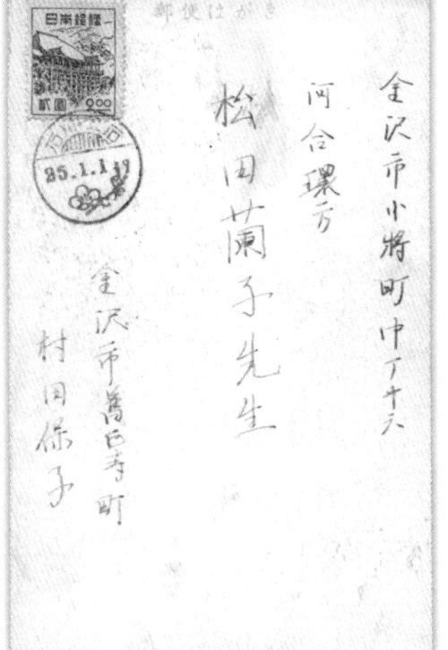

清水寺２円に図入り年賀印。石川・金石 昭和25.1.1。図入り年賀印は昭和25年に再開され、昭和31年まで使われた。

❸

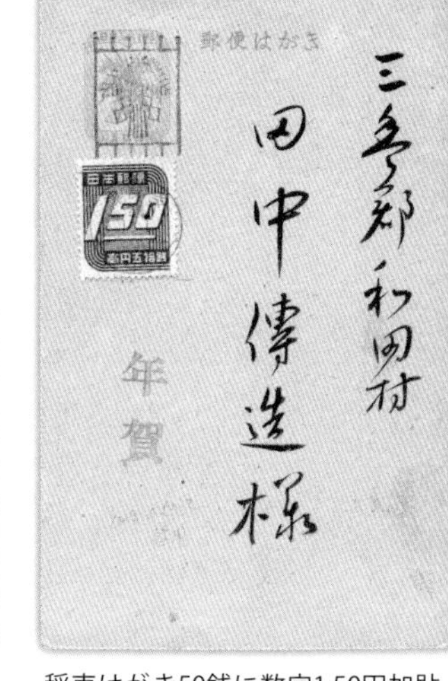

稲束はがき50銭に数字1.50円加貼。戦前(昭和12年)の年賀機械印を流用。多度津 昭和25.1.1。

❹　（75％）

❺

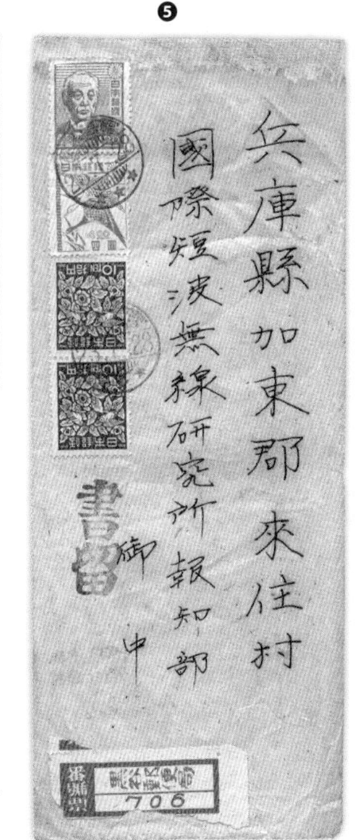

❹数字3.80円加貼書状。帝国ホテル内 昭和23.9.10。切手つき封筒・五重塔1.20円に加貼して、書状に使用。稀少なオン・ペーパー。

❺らでん模様10円・書留便。福島・黒谷 昭和23.7.28。Ｃ欄三星。前島１円＋はつかり４円（書状料金）、らでん模様10円２枚貼（書留料金）。

3.80円はさらに使いづらい切手でした。大量に売れ残った切手つき封筒・五重塔1.20円（売価1.50円）や封緘はがき・議事堂1.20円に加貼（❹）、または第２次新昭和切手・五重塔1.20円との混貼で５円料金として使うためでした。しかし、切手つき封筒などを買い置きするようなことは少なく、結局この3.80円はほとんど使われなかったようで、使用例を探すのに苦労します。

らでん模様10円は特殊取扱用に発行されましたが、その使用例は少ないようです。初期使用としては、書状５円の２倍重量便、または書留２枚貼があります（❺）。

…消印は切り替え時期

消印は第２次新昭和と比較すると、一部の額面を除いて、大分種類が増えてきました。昭和24年から25年にかけてほとんどの郵便局で櫛型印が変わりました。C欄都道府県や三星から復活Ｚ型（「后」を使用）に切り替えられました。第３次新昭和切手はこの切り替え時期にあたりますので、両方の消印が豊富に存在します。1.50円、２円には唐草印、標語印などの機械印、和文ローラー印、図入り年賀印なども見つけられます。欧文櫛型印も特に10円に多く見られ、２円にも存在します。

しかし、3.80円は使用例そのものが少ないため、いずれの消印もきわめて少なく、収集には苦労します。わずかに、昭和30年前後に別納で使われたと思われる消印が残っているだけで、消印だけで１リーフを作るのは難しいと思います。

■ 第３次新昭和切手の消印から

足立 昭和24.8.9、C欄東京都。

長野・戸倉 昭和24.12.24、復活Ｚ型。

OSAKA 1948.9.－、欧文櫛型印。

古河 昭和27.1.1、図入り年賀印。

産業図案切手　―製造面・消印―

定常変種と消印の変化を楽しむ

産業図案切手は、戦争で荒廃した国土復興のために、働く人々の姿を各種の産業のなかから選んで、図案にしたものです。1948年(昭和23)10月からおよそ１年の間に、切手帳も含め14種が発行されました。この項では、産業図案切手の定常変種と消印の変化に注目してみます。

■ 産業図案切手の定常変種

印刷女工６円

頬に黒子

ウインク

…代表的な定常変種

産業図案切手は、多くの定常変種があります。なかでも印刷女工６円には、大きな定常変種が多く、「眉間(みけん)の縦じわ」「虫食い６」「０にヒゲ」「胸元に黒子(ほくろ)」など、独特の名称がつけられています。紡績女工15円の「テーパー」(先細りの意➡▬)は古くから知られている変種です。

定常変種の多くは凸版で印刷された切手ですが、凹版の穂高岳16円には独特の変種があります。なかでも「日に線つき」は、顕著な定常変種で人気があります。産業図案切手の定常変種は、額面によってはまだ充分に研究されておらず、今後の発表が待たれるところです。

＊穂高岳16円と長野平和博記念16円は同じ原板を用いているが、色調が異なるほか、目打型式も異なり、下耳で確認できる。

■ 和文櫛型印のタイプと組み合わせ

▼右書き×C欄三星

奈良・相田
昭和24.10.1?

▼右書き×C欄都道府県名

千葉 昭和24.11.16 C欄千葉縣

▼左書き×Z型

新潟・畑野
昭和25.1.25

(切手帳)

▲左書き×戦後型
富田 昭和26.3.5

●…消印別の変化

産業図案切手の消印も、この時期ならではの特徴があります。昭和24年(1949)9月30日に、次のような郵政省告示がでました。

> 通信日付印に表示する文字は、すべて「左横書」とする。時刻表示を「前0－8」「前8－12」「後0－6」「後6－12」とする。

▶…和文櫛型印

これまでの「右書(みぎがき)」(右から文字が始まる)から「左書(ひだりがき)」に、「后0－4」「后4－8」「后8－12」の時刻表示(Z型)から「後0－6」「後6－12」の時刻表示(戦後型)に変わりました。

しかし、この変更は全国一斉に行われたわけではなく、「当分の間は、従来の形式による通信日付印を使用する」とされていました。そこで、産業図案切手の櫛型印には、さまざまな組み合わせが見られます。

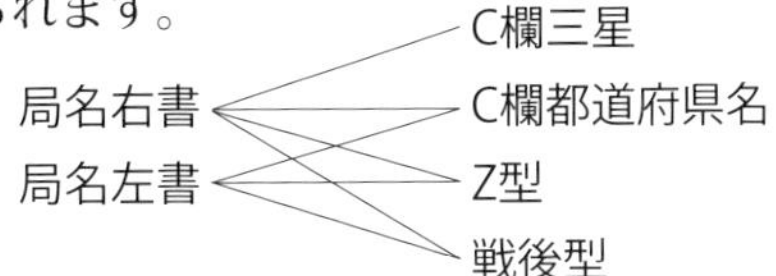

■ とび色機械印

左は農婦2円・とび色機械印、松本(局名右書)昭和26.1.1。右は捕鯨3円・とび色標語印、「戸毎に表札／戸毎に受箱」。

▶…とび色機械印

昭和25年(1950)3月1日からは、自動押印機は“とび色”を使用する、という告示が出され、切手上にも機械印(唐草印)、標語印、広告印などにとび色(鳶色＝赤茶色)の消印が見られるようになります。

▶…図入り年賀印

この時期、少し変わった消印といえば、「図入り年賀印」でしょう。戦後の図入り年賀印は、昭和25年(1950)用から使われ始めましたが、農婦2円の使用時期と重なったため、昭和25年、26年、27年の3年間、図入り年賀印が見られます。

▶…欧文櫛型印

欧文櫛型印もこの時期、C欄の国名表示が変化しています。戦前から一般に使われていた「NIPPON」表示から「JAPAN」表示に変わりました。これは、和文印と同じ昭和24年の郵政省告示に

■ 図入り年賀印と欧文櫛型印

▼図入り年賀印（渡島・湯川）

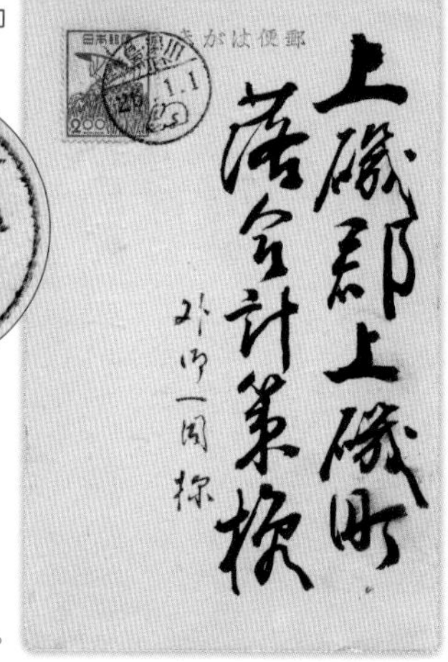

私製の昭和26年（1951）卯年の年賀状。低料年賀はがき制度の２円料金で、図入り年賀印を押印。昭和28年以降は昭和すかしなしが発行され、年賀はがきが４円に値上げされたため、産業図案切手の農婦２円１枚貼はなくなった。

左：郵便配達30円・欧文櫛型金属印 YOKOHAMA（年数不明）JAPAN。**右**：炭坑夫５円・欧文櫛型ゴム印 OSAKA 1949.3.— NIPPON。

よるものですが、この時は全国の主要局、外国郵便の取り扱いが多い局だけで、その他の局は従来通り、「NIPPON」表示を使っていたようです。外国郵便は絶対数が少なく、欧文櫛型印もそれほど数は多く残されていません。

この欧文櫛型印には、金属印とゴム印があり、カタログ評価はほぼ同じですが、局によってはそのどちらかしか使わなかったケースもあり、また配備されても、和文印で済ませたりしたため、欧文櫛型印そのものが珍しい局もあります。

この他、ローラー印にも右書、左書、縦書など、局名表示に変化があり、産業図案切手は消印のバラエティにおいても、充分に楽しむことができそうです。

●…「印刷局」から「印刷庁」へ

産業図案切手の銘版は、昭和24年（1949）６月１日、「印刷局」が「印刷庁」に改称されたため、２種類あります。この時期より前に印刷されていた炭坑夫５円、紡績女工 15 円、穂高岳 16 円には、「印刷局」銘版しかありません。反対に、この時期より後に印刷の茶摘み５円、印刷女工６円、電気炉 100 円、機関車製造 500 円は、「印刷庁」しかありません。

印刷局銘版（輪転版）

印刷庁銘版（平面版）

ただし、高額の100円、500円の未使用のカタログ価は、戦後の普通切手では最高額で、その銘版の入手は容易ではありません。けっして多くは存在しませんが、銘版付き使用済を探すのもひとつの方法です。

電気炉100円の銘版付き使用済。名古屋中央昭和25.2.9

リーフ紹介

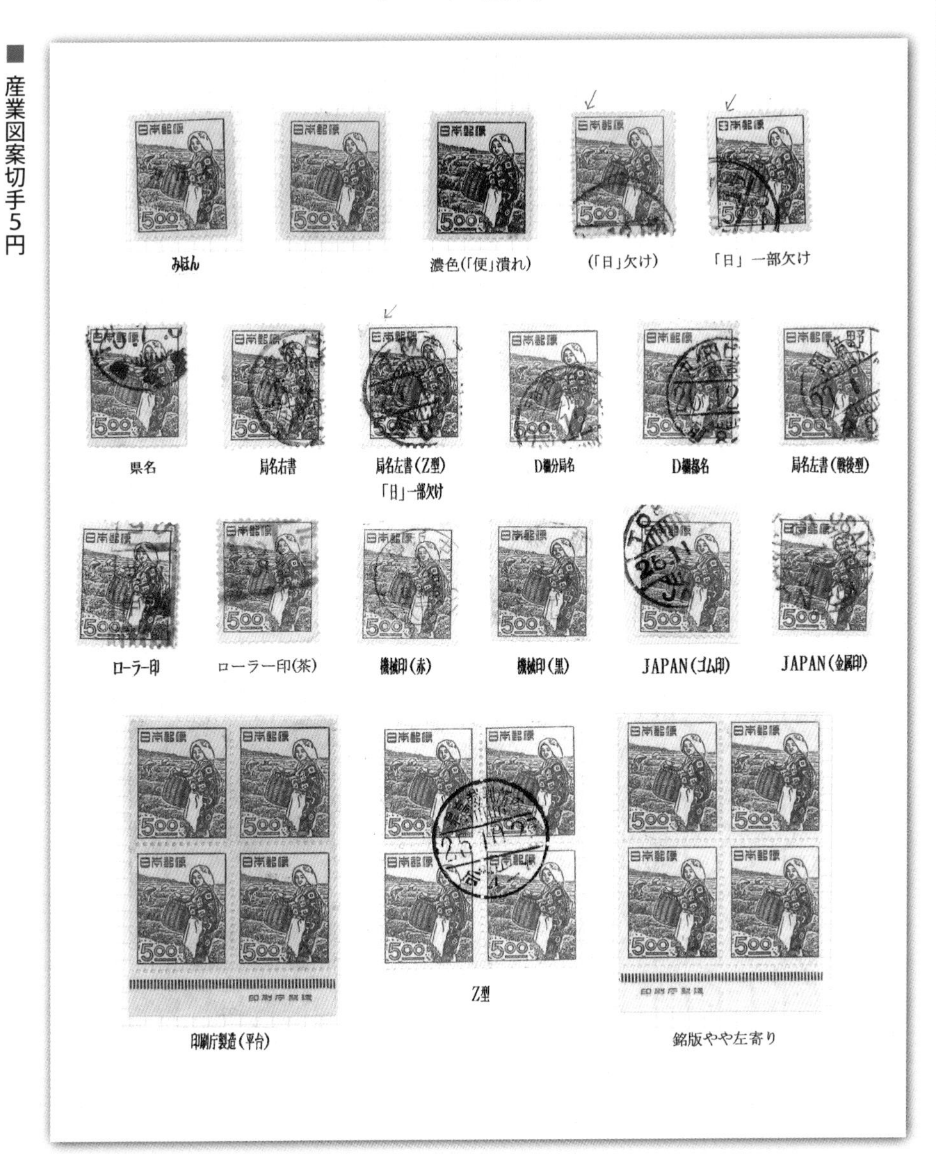

産業図案 茶摘み5円を整理したリーフ。茶摘み5円は外信印刷物用に発行されましたが、外国郵便の取扱いが多い郵便局へ重点的に配給されましたので、使用済も余り多くありません。

この時期、ローラー印、機械印、櫛型欧文印に黒色以外の印色が使われていますので、コレクションもやや華やかになります。

産業図案切手　―使用例―

郵便料金と照合しながら使用例を集める

産業図案切手は、終戦後のまだ郵便制度が混乱するなかで発行されました。度重なる料金改定に発行が間に合いません。それぞれの使用例は料金と照合しながら集める必要があり、また、それが収集の楽しみともなります。

■ 昭和22～26年の郵便基本料金変遷表（第三種・第四種は代表的な料金）

料金改定日	書状	はがき	第三種	第四種	第五種	書留	速達
昭和22年（1947）.4.1	1.20円	50銭	50銭	1.20円	15銭	5円	4円
23年（1948）.7.10	**5円**	**2円**	**2円**	**4円**	**50銭**	**20円**	**15円**
24年（1949）.5.1	**8円**	（継続）	**3円**	**6円**	**1円**	**30円**	**20円**
26年（1951）.11.1	10円	5円	4円	4円	8円	35円	25円

●…料金改定の後から発行

まずは、産業図案切手が発行された昭和23年（1948）～24年（1949）前後の郵便料金を見てみましょう（上）。

一般には、郵便料金が改定される前に、適応する料金の切手が発行されます。しかし、昭和23年の郵便料金改定は戦後3回目で、しかも大幅な値上げであったため、切手の発行が間に合いませんでした。最も需要が多い第一種便書状料金でも、炭坑夫5円が発行されたのは4ヵ月近くたってからでした（その間は、第2次新昭和切手の捕鯨5円が使われていました）。

●…国内郵便の使用例

産業図案切手で最も早く発行されたのは紡績女工15円です。15円は23年の郵便料金改定で速達料金（❶）ですが、新昭和切手に該当料金の切手がなかったため、早目の発行となりました。それでも改定日より3ヵ月も遅れています。

ここで、発行時期と郵便料金改定を照合してみますと…。

切手	発行日（昭和）	種別	改定日
紡績女工15円	23.10.16	速達	昭和23.7.10
炭鉱夫5円	23.11. 1	書状	昭和23.7.10
農婦2円	23.11.20	はがき・第三種	昭和23.7.10
捕鯨3円	24. 5.20	第三種	昭和24.5.1
植林20円	24. 5.10	速達	昭和24.5.1
郵便配達30円	24. 5.10	書留	昭和24.5.1
炭鉱夫8円	24. 6. 1	書状	昭和24.5.1
印刷女工6円	24.11.25	第四種	昭和24.5.1

23年の郵便料金は、わずか10ヵ月しかありません。そのため、23年に発行された3種のうち、農婦2円のはがき使用例以外は、材料が比較的少ないのです。はがき2円料金は昭和26年（1951）まで長期間続いたため、農婦2円の私製はが

■産業図案切手の使用例

❶

❷

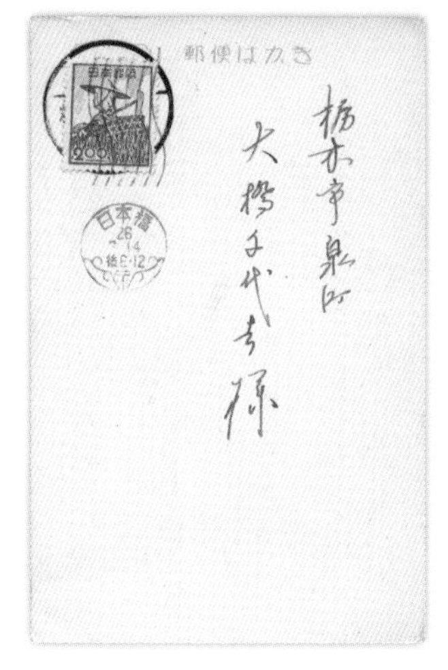

❸

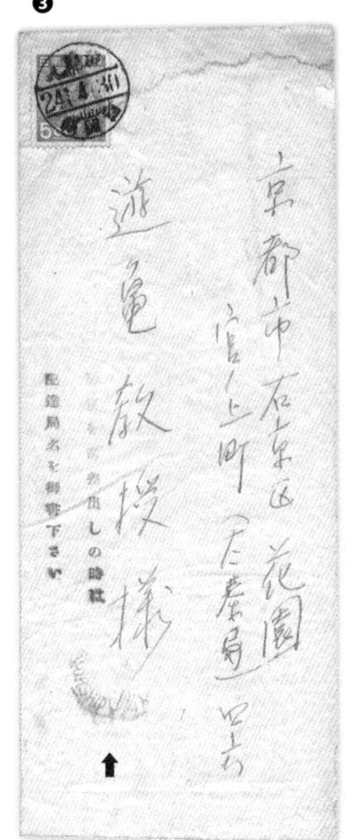

きが沢山あります。櫛型印が一般的ですが、この時期にバラエティの多い機械印（❷）を集めるのも面白いかもしれません。

ところで、この時期、あまり知られていない珍品があります。それは炭坑夫５円の切手帳１枚貼使用例（❸）。炭坑夫５円切手帳は昭和24年２月15日に発行され、同年５月１日には書状が８円に値上げされましたので、適正期間はわずか２ヵ月半という短さです。

一方、24年の郵便料金の改定では、書留が30円、速達が20円になりました。そのため、郵便配達30円、植林20円と書状料金・炭坑夫８円との混貼が多く見られます。３種の切手を１枚ずつ貼った書留速達便も時々見かけます。

また、24年に改定の第三種

❶紡績女工15円・速達便。旧議事堂２円はがきに加貼した速達便。京都北白川 昭和23.12.18。
❷農婦２円・私製はがき。日本橋 昭和26.3.14。唐草機械印（とび色）。❸炭坑夫５円切手帳１枚貼書状使用例。後藤寺 昭和24.4.30、C欄福岡縣。書状５円料金最終日。CENSORSHIP（検閲）免除印（⬆部）。

❹

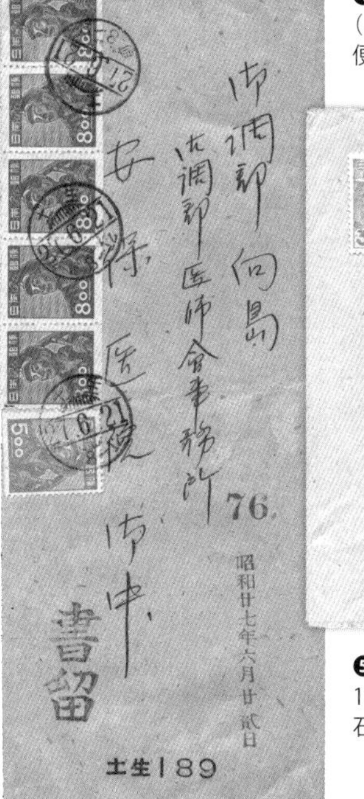

❹炭坑夫５円１枚と８円５枚（ともに切手帳）の混貼。書留郵便。土生 昭和27.6.21。

❺

❺捕鯨３円・帯封。第三種便。100gごと３円。
石見大田 昭和26.6.7。

■外国郵便の使用例

❼電気炉500円と郵便配達30円の混貼、外信書状航空便。YOKOHAMA 1951.11.4 JAPAN フランス宛。

❻穂高岳16円・船便書状。TOKYO 1949.1.15 NIPPON → CONCORD(U.S.A.)。

便は、(1)日刊新聞・官報などと、(2)それ以外に分かれ、捕鯨3円は(2)の料金に該当します。帯封などに使われましたが、あまり数は多くないようです(前ページ❺)。むしろ捕鯨3円が活躍するのは、26年の料金改定のときです。旧議事堂はがき2円に加貼して広く使われました。

炭坑夫8円も24年改定の第一種便・書状用に発行されましたが、26年の料金改定で開封書状(第五種)が8円になり、こちらの方が多いようです。使用時期を見て、両者は分類する必要があります。

●…外国郵便の使用例

外国船便書状用に発行された産業図案切手、穂高岳16円の適正使用期間はわずか4ヵ月半しかありません(❻)。昭和22年(1947)8月から、外国航空郵便が再開され、基本料金16円に地帯別航空割増料金が加算された使用例も存在しますが、当時は外国郵便そのものが少なかったと思われ、このエンタイアの入手には苦労します(❼)。

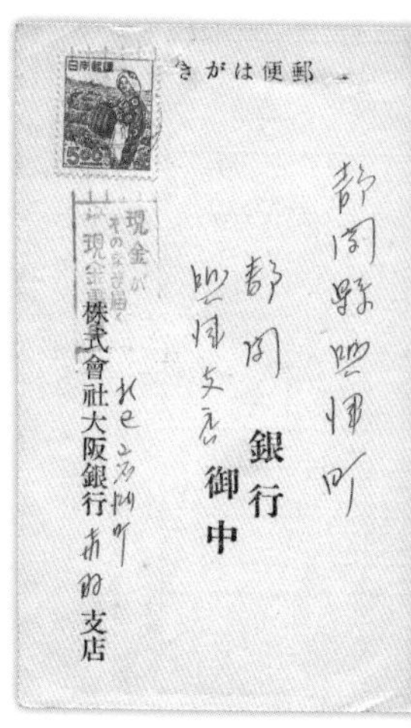

❽茶摘5円・私製はがき。赤羽 昭和26.11.9。標語は「現金が/そのまま届く/現金書留」

茶摘5円は船便印刷物として最後のUPU色で印刷された切手です。使用は穂高16円の時代より遅く、外国郵便も増えてきていますが、前半時期は売れ残った炭坑夫5円が使われ、後半時期になると航空郵便が一般的になったため、船便用の茶摘5円の使用頻度は極端に少なかったものと思われます。26年の郵便料金改定では私製はがき(❽)もありますが、これされもあまり多くはありません。

昭和すかしなし切手　―製造面・消印・使用例―

製造面・消印・使用例…
多方面からじっくりと集める

昭和すかしなし切手は、「すかし」のない用紙で印刷されたシリーズです。郵政の公示もなく、出現時期が第１次動植物国宝図案切手と重なり、“暫定切手”の役割を担うものでした。そのため、使用が限られ、その収集は決して易しいものではありませんが、気長にじっくりと集めてみましょう。

■和文印のバラエティ

櫛型印C 欄三星

新潟・新発田
昭和27.6.2()

鉄道郵便印

函館旭川間
昭和27.1.1

和文ローラー印

東京中央
昭和27.―

和文機械印

大阪中央
昭和26.12.19

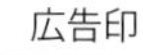

広告印

鳥・卵問屋
東京千住鳥市

■欧文印のバラエティ

欧文櫛型印（ゴム印）

YOKOHAMA
1951.11.―

欧文櫛型印（金属印）

NIHONBASHI
1951.12.()1

三日月印

SASEHO（佐世保）
1953.Ⅷ.―

…各方面からの収集

大正３年（1914）発行の旧大正毛紙切手以降、偽造防止の「すかし」入り用紙が使われていましたが、印刷効果を高めるため、昭和26年（1951）から「すかし」のない用紙が採用されました。それが、昭和すかしなし切手です。

図案は、新昭和切手から２種、産業図案切手から８種を“流用”しています。用紙だけの変更なので、郵政からは発行日の公示がありません。それまでの切手がなくなり次第、販売するという方法をとったため、カタログには最も早い使用データが“出現日”として掲載されています（131ページ一覧表参照）。

▶…消印

昭和25年から26年にかけて、局名左書、時刻表示・戦後型に切り替わっており、消印の変化は多くありません。櫛型印ではC欄三星、図入り年賀印、鉄郵印が存在します。

和文ローラー印はこの時期からやや多くなり、機械印では標語印、広告印、トビ色印などが使われましたが、単片での収集は多少難しいかもしれません。

外国郵便印にもバラエティがあります。欧文櫛型印（ゴム印、金属印）、欧文ローラー印のほか、昭和27年（1952）からは三日月印が登場しました。

▶…定常変種

産業図案切手の実用版をそのまま“流用”したため、同じ定常変種が昭和すかしなし切手にも出現しているものがあります。印刷女工６円の“６”に点、“０”にヒゲ、胸元にホクロ、植林20円の「左足の左側に微小点」などです。農婦２円、炭坑夫８円、郵便配達30円には独自の定常変種があり、実用版を新しくしたことが分かります。

■定常変種より

印刷女工６円

炭坑夫８円

（流用版）

６に点

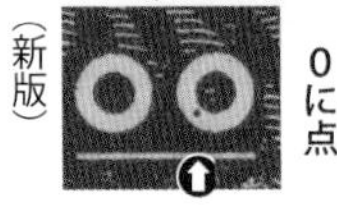

（新版）

０に点

▶…使用例

昭和すかしなし切手が出現したときは、昭和24年（1949）５月１日の郵便料金に適用するものでしたが、まもなく戦後６度目の料金改定があり、ほとんどの切手が適用しなくなってしまいました。

最も長い適用期間は印刷女工６円の第４種料金で４ヵ月、短いものでは農婦２円のはがき料金１ヵ月弱という状態です。従って、次の料金改定の昭和26年（1951）11月１日以前の使用例を集めるには、相当の努力が必要です（❶❷）。

そのため、使用例では、昭和26年の料金改定以降にさまざまな形で使われた、適応使用例も加えて集めたいものです。

●…その他の収集要素

▶…銘版

全部の切手に「印刷庁製造」（新庁銘）が存在します。昭和26年６月以前に印刷されていた印刷女工６円、炭坑夫８

■昭和すかしなし切手の使用例

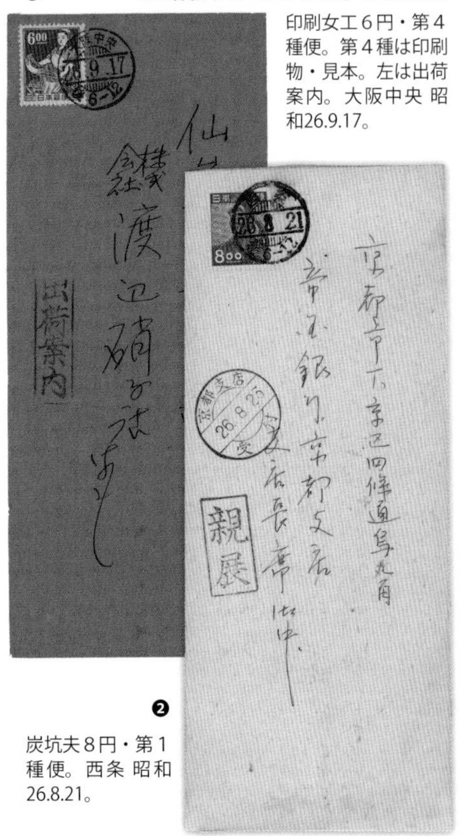

❶ 印刷女工６円・第４種便。第４種は印刷物・見本。左は出荷案内。大阪中央 昭和26.9.17。

❷ 炭坑夫８円・第１種便。西条 昭和26.8.21。

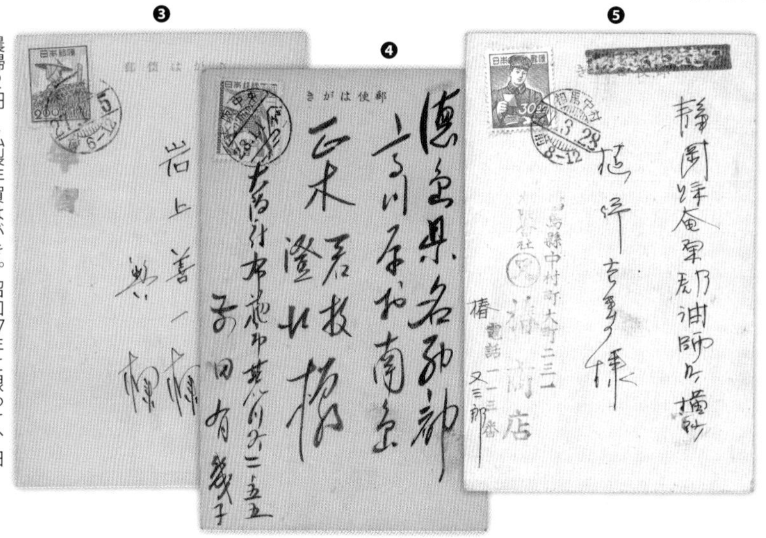

農婦２円・私製年賀はがき。昭和27年に限って、旧料金２円に据え置かれたため、農婦２円の私製年賀はがきが広く使われた。渋谷 昭和27・1・5。

❺郵便配達30円・速達私製はがき。相馬中村 昭和27・3・28。❹落雁図４円・私製年賀はがき。落雁図４円は昭和28年以降の年賀状に使われた。消印は図入り年賀印。大阪中央 昭和28・1・1。

円、郵便配達30円の３種には、「印刷庁製造」(旧庁銘)もあります。

　また、昭和27年８月以降に増刷された切手(農婦２円、機関車製造500円)には、「大蔵省印刷局製造」(大蔵省銘)があります。

旧庁銘➡ 印刷庁製造

新庁銘➡ 印刷庁製造

▲旧庁銘と新庁銘の字体違い。「刷」や「製」、「造」の字体が異なる。133ﾍﾟｰｼﾞ第１次動植物国宝図案でも掲載。

▶…みほん

　昭和すかしなし切手の「みほん」は、産業図案切手と比較して、多くが存在するようです。図案の変更もなく、発行日の告示もないのに、なぜなのでしょう？

　長い間、「すかし」の入っていることが本物の切手の条件だったのを、「すかし」が入っていなくても偽物ではないと、郵便局員に周知するためだったのではないかと思います。

■ 昭和すかしなし切手の主な適正・適応使用

切　手	出現日(昭和)	適正使用	適応使用
農　婦２円	26.10. 5	はがき	年賀状(昭和27年)❸・農産種子２円はがきに加貼
捕　鯨３円	26.11.－	－－	２円はがきに加貼
落雁図４円	27. 2.－	－－	年賀状❹・第３種・通信教育
印刷女工６円	26. 6.－	第４種❶	－－
炭坑夫８円	26. 7.－	第１種❷	開封書状
螺鈿模様10円	26.10.－	－－	封　書
植　林20円	26. 8.－	速　達	書　状(重量便)
郵便配達30円	26. 7.－	書　留	速達私製はがき
電気炉100円	26.12.27	－－	(外信便)
機関車製造500円	27. 3.－	－－	(外信便)

適正使用：昭和24年(1949)５月１日改定の料金　適応使用：昭和26年(1951)11月１日改定の料金

リーフ紹介

■ 昭和すかしなし切手500円

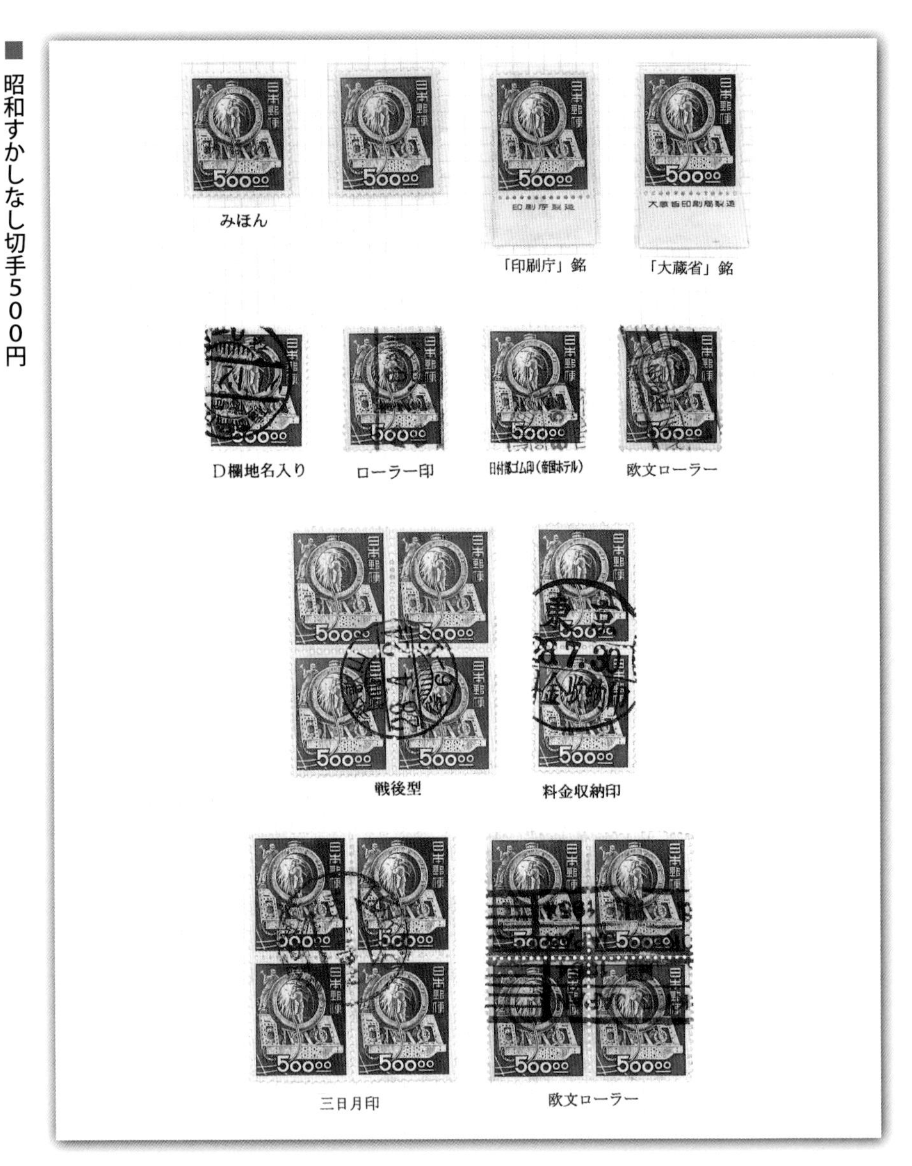

昭和すかしなし 機関車製造500円を整理したリーフ。機関車製造500円の産業図案切手は銘版が２枚掛でしたが、昭和すかしなし切手では１枚掛になり、〈印刷庁〉銘版と〈大蔵省〉銘銘版の２種類があります。

消印は余りバライティがなく、このリーフ以外の消印では「櫛型欧文印（金属印）」がある程度です。

第１次動植物国宝図案切手　－製造面－

“銘版”を使った分類術

動植物国宝図案切手は、第１次から第３次に分類されますが、第１次は額面表示が「銭単位」になっているシリーズです。額面は７種しかありませんが、普通切手初のグラビア印刷切手が登場するなど、戦後の切手印刷における転換期に発行され、製造面は“銘版”と“裏糊”が分類のキーポイントになります。

…普通切手初のグラビア印刷

「第１次動植物国宝図案切手」は、1949年（昭和24）６月１日の外国郵便料金改定、1951年（昭和26）11月１日の国内郵便料金改定に対応したシリーズです。しかし、1952年には料額を円単位に改めた第２次動植物国宝図案切手の発行が始まったため、実質的な使用期間が１年余りという短命切手も含まれています。このシリーズは７種（小型シートを入れると11種）しかありませんが、切手の製造面における特筆すべき特徴の多い切手があります。

まずこのシリーズでは、グラビア印刷切手が普通切手で初めて、１円（前島密）と50円（弥勒菩薩）で登場しました。『普専』によれば、この２つの額面は裏糊と刷色で３種に分類されています。とは言っても、裏糊と刷色を見分けられるか、不安を感じる方も多いと思います。そんな方はまず、銘版付き切手を探してみてください。

１円、50円とも銘版は「印刷庁」銘版なのですが、文字の字体違いで「旧庁」と「新庁」に分けられます。見分け方のポイントは拡大図（下）を参照してください。

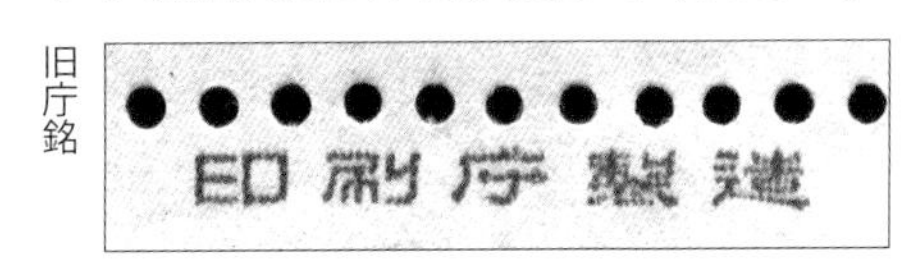

▲旧庁銘と新庁銘の字体違い。
「刷」や「製」、「造」の字体が異なっている。

▼『普専』より、第１次動植物国宝図案切手１円の分類

342. 前島密　1円（発行日：1951［昭和26］.4.14.）

◆刷色別評価（Shade）

			＊＊	＊田	◉	◉田
342	a.	暗い赤茶（初期、粗白紙、D糊）	1,200	5,000	150	4,200
	b.	赤茶（中期、粗白紙、A糊）	1,100	4,600	150	4,200
	c.	明るい赤茶（後期、粗白紙、A糊）	1,000	4,200	150	4,200

■ １円前島・旧庁銘

＊銘版つき10枚ブロックは80%縮小

▲旧庁銘（99番）

この２種の銘版はシート上の位置も異なっており、「旧庁」は100面シートの99番位置、「新庁」は98番位置にあります。

一方、このグラビア切手の裏糊については、ざらついた感じで色が黄色（または淡黄色）のデキストリン糊（D糊）、光沢があって反りやひび割れが生じやすいアラビア糊（A糊）があります。しかし、デキストリン糊はいずれも旧庁銘切手で、アラビア糊も新庁銘切手にしかありません。つまり、銘版違いを揃えれば、糊のバラエティも完集になります。

また、刷色も銘版で区別が可能で、最初期印刷である旧庁銘切手は全般に暗色系、新庁銘切手は明色系になっています。１円の暗い赤茶、50円のくすみ赤茶が旧庁銘切手、それ以外が新庁銘切手にあたります。このように、銘版付き切手を通じて糊と刷色の特徴を観察しておけば、入手の際にきっと役立つと思います。

●…５円尾長鶏の刷色分類

ところで、このシリーズには刷色の濃淡変化が激しい５円（尾長鶏）があります。凸版印刷のこの切手は発行当初、濃い緑と橙色の２色刷でしたが、消印が見にくいという理由で発行から約２ヵ月後、刷色を明色系の緑と黄味橙色に変更しました。意図的に刷色を変化させたため、以前は多くのカタログで、初期濃色切手と変更後の淡色切手のカタログ番号を別にしていました。

現在、５円の刷色バラエティはサブナンバー（a～d）を付け、初期濃色切手で１種、刷色変更後の切手で３種の合計４種に分類しています。最も濃いはずの初期濃色切手にも濃淡があるため、刷色分類は慣れないと難しいかもしれません。

しかし、ここでも銘版が分類の手助けをしてくれます。５円切手の銘版には、印刷庁銘版（新庁銘）と大蔵省銘版があります。大蔵省銘は1952年（昭和27）10月から登場した銘版ですので、初期濃色切手は印刷庁銘しかありません。また、刷色変更された時には、裏糊もアラビア糊に変更されているため、初期濃色切手の裏糊はデキストリン糊のみです。

■ 1円前島・新庁銘

▲新庁銘（98番）

この切手と同じグラビア印刷の50円弥勒菩薩も、100面シートの銘版位置が、図のように旧庁銘が99番、新庁銘は98番になっている。

ちなみにこの5円切手は銘版ごとに糊と刷色の相互関係が成立します。別表にまとめましたので（右下の一覧）、刷色バラエティ入手の参考にしてみてください。なお、この切手の印刷後期に登場するアラビアデキストリン糊（AD糊）とは、さざ波模様が見える光沢糊で、アラビア糊のようにひび割れはしませんが、耐湿性に欠けるのが特徴です。

このシリーズには、1円（前島密）を収めた「郵便創始80年」記念小型シート（#C218）を含めると、5つの額面に小型シートが存在します。

■ 5円長尾鶏の銘版別刷色バラエティ

5円尾長鶏の銘版には、印刷庁銘（新庁銘）と大蔵省銘があるが、それぞれ刷色の濃淡変化がある。いずれの銘版も印刷が後期になるほど、刷色が淡色になっており、実例でご覧のように大きく異なる。右表の通り、裏糊が印刷時期を特定する決め手になるので、糊の特徴を覚えておくと刷色分類も分かりやすい。

印刷庁銘版（新庁銘）

濃色

中間色

淡色

大蔵省銘版

濃色

淡色

■ 5円尾長鶏銘版別刷色一覧

銘版	普専No.	糊	刷色
印刷庁（新庁銘）	**343 a.**	**D**	**濃緑・橙**
	343 b.	A	明濃緑・黄味橙
	343 d.	A、AD	明緑・黄味橙
大蔵省	343 b.	A	明濃緑・黄味橙
	343 c.	A、AD	緑・黄味橙
	343 d.	AD	明緑・黄味橙

※ ▭：発行当初の初期濃色切手。
※糊の記号は以下の略記号。
D：デキストリン糊、
A：アラビア糊、
AD：アラビアデキストリン糊

第１次動植物国宝図案切手　－製造面・使用面－

使用済で楽しむポイント

第１次動植物国宝図案切手の次の段階は、“小型シート”と“定常変種”、そして“使用面”の収集です。このシリーズの特徴というべき小型シートの使用済を単片切手から見分ける方法、定常変種収集のポイントを紹介してみます。

●…小型シート切り抜き使用

第１次動植物国宝図案切手では、国宝図案に限って100面切手シートとともに、小型シートが発行されています。単片切手に比べてカタログ価も高く、「高嶺の花」と思われるかも知れませんが、切り抜き使用済なら、製造面の特徴をチェックすれば、安価に入手できるものもあります。

左は用紙が縦目に反る「縦紙」で、右が横目に反る「横紙」。左図の２つの小型シートは「縦紙」の100面シートと違って、「横紙」となっており、切り抜かれた状態でも、識別は可能。ただ、少し複雑になるが、これら小型シートの中にも、「縦紙」が存在する。その比率は極めて少なく、オークションでも高額取引されている。

50円弥勒菩薩小型シート　上下とも縮小75％

「郵便創始80周年記念」小型シート

その製造面の特徴というのが、用紙の向き。用紙には印刷の仕方によって「縦紙」と「横紙」があります。このシリーズは100面シート（ただし、24円のみ50面シート）、小型シートともに「縦紙」なのですが、50円弥勒菩薩(#347)だけは、小型シートが「横紙」となっています。また、分類は記念切手ですが、１円前島密（#342）を４枚組にした「郵便創始80年記念」小型シート（#C218）が、1951年（昭和26）に発行されています。この小型シートも「横紙」なので、100面シートと区別が可能です。

「縦紙」と「横紙」を見分けるには、切手を手の平に載せるだけで、どちらの方向に切手が反るかで判断します（使用済の場合は軽く息を吹きかけると反ります）。１円と50円なら、使用済も安価で市場に多く出回っていますので、ぜひ“掘り出し”にチャレンジしてみてください。

●…使用済から探せる定常変種

『普専』には、このシリーズの定常変種が掲載され、特に１円前島密は、10種が取り上げられています。

▼「普専」に掲載された１円の定常変種

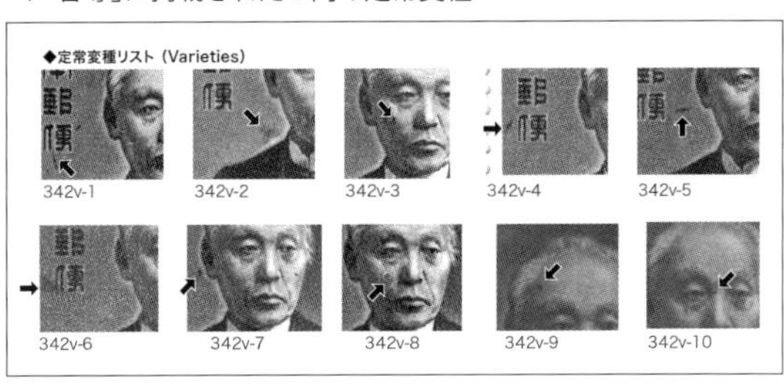

■ １円前島密の原乾板定常変種

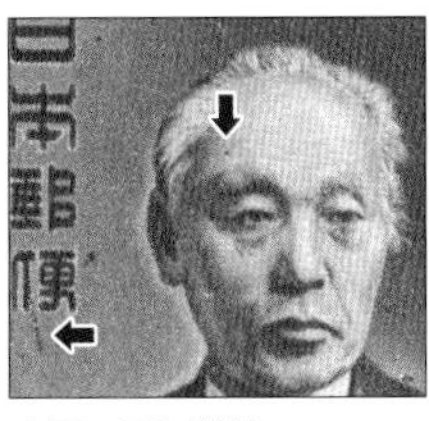

▲便の下に斜線、左額に濃茶点（５番）

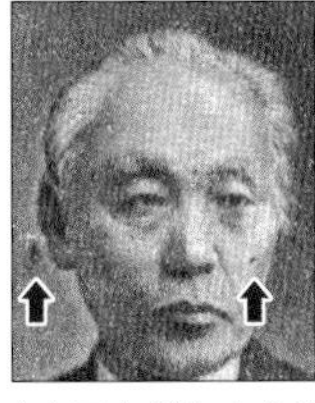

▲左耳たぶ左と右ほおに濃茶点（100番）

▲左ほっぺたにホクロ（43番）

■ ５円尾長鶏の定常変種

▲「０」上に２つの緑点（46番）

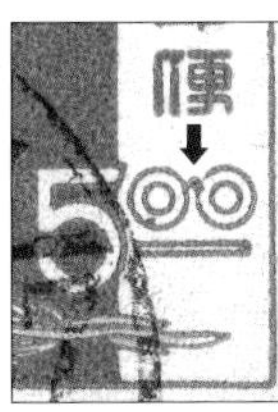

▲メガネ「０」（47番）

▲「０」字一部欠け（91番）

実はこのシリーズ、定常変種が数多く報告されています。１円前島密で採り上げられた10種の定常変種は、いずれも原乾板のものだけで、実用版の定常変種まで含めれば、１円切手だけでまとまったコレクションが出来るかもしれません。

１円前島密に限らず、『普専』に掲載されている定常変種は、ルーペで覗いてようやく確認できるものではなく、肉眼でそれと分かるものばかりです。例えば５円尾長鶏（#343）の定常変種（「０上に緑点」、「メガネ」、「０の一部欠け」など）は、使用済切手からでも十分探し出せるものです。

●…図入り年賀櫛型印

次にこのシリーズの使用面です。まず使用例収集ですが、はがき用の５円尾長鶏、封書用の10円観音（#344）以外は相当な努力が必要です。また消印収集でも、消印バラエティが豊富な時期であるにもかかわらず、使用頻度が極めて少なかった80銭多宝塔（#341）や14円姫路城（#345）、24円鳳凰堂（#346））などは、国内用櫛型印でさえ難関です。

ただ、逆に５円と10円は豊富な消印バラエティが楽しめます。このシリーズの消印バラエティといえば、図入り年賀櫛型印でしょう。

図入り年賀櫛型印は、年賀取扱期間に差し出された年賀はがき専用の消印で、1950年（昭和25）から1956年（昭和31）ま

■ ５円尾長鶏と図入り年賀櫛型印の組み合わせ

昭和28年用（富士山）

昭和29年用（初日の出）

昭和30年用（折り鶴）

昭和31年用（コマ）

で使用されました。はがき料金は1951年（昭和26）11月１日から５円となったのですが、年賀はがきだけは、特例措置で1952年（昭和27）用に限って２円、それ以降は１円安い４円となっていました。しかし、それを知らない利用者が、私製年賀はがきに５円切手を貼って差し出しており、1953年（昭和28）以降なら、５円尾長鶏と図入り年賀櫛型印の組み合わせが楽しめます。

…最後のUPU色切手

ところで、このシリーズの14円姫路城、24円平等院鳳凰堂は、いずれもUPU色切手として発行されました。UPU色というのは緑（印刷物）、赤（はがき）、青（封書）というように、切手の色によって郵便種別が日本以外でも分かるよう、万国郵便連合（UPU）で取り決めたものです。

しかし、この時期の外国郵便は船便から航空便に変わっていったため、これらの切手が船便で使われることは、多くはありませんでした。このUPU色の制度は、1953年（昭和28）７月１日に廃止されましたので、このシリーズが最後のUPU色切手となります。

■ UPU色時代の14円姫路城・24円平等院鳳凰堂の外信使用例

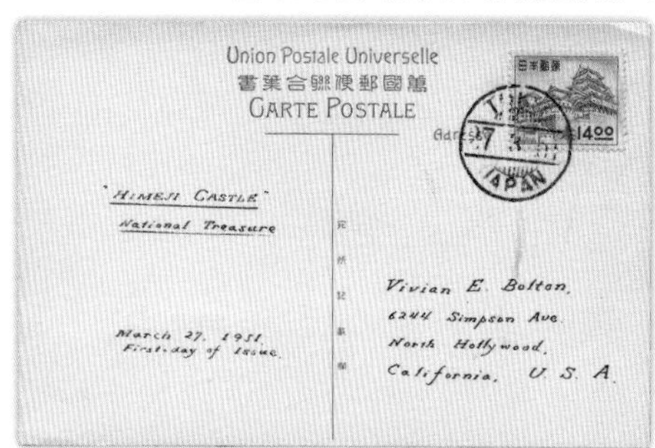

TOKYO 1951.3.27 JAPAN 米国宛

行田 昭和26.5.21 米国宛

 収集メモ 製造面・使用面をご紹介した「第１次動植物国宝図案切手」。主に触れたのは１円、５円、50円ですが、ただ、気軽に楽しめるのがこの３額面と10円なのです。

第２次動植物国宝図案切手　―製造面―

豊富な切手バラエティ

1951年（昭和26）11月１日の郵便料金改定で、“銭単位”の料金がなくなったことから、額面料額表示を“銭単位”から“円単位”に変更して発行されたシリーズが、「第２次動植物国宝図案（円単位）切手」です。日本切手の収集家なら馴染み深い普通切手シリーズでしょう。その収集ポイントを紹介しますが、まずは各切手の豊富なバラエティについて記します。

…バラエティが多いシリーズ

「第２次動植物国宝図案切手」（以下、円単位切手）は18種で、他にコイル２種と切手帳３種が発行されています。1952年（昭和27）５月10日に35円金魚が発行されてから、1961年（昭和36）４月１日の第３次動植物国宝図案切手発行まで、およそ９年間使用されましたが、一部の額面はその後も製造され、30年以上使用された額面もあります。

円単位切手の印刷方法は凸版印刷が２種（４円、10円）、凹版印刷が５種（14円、24円、30円、100円、500円）で、他の11種はグラビア印刷です。戦後日本切手のグラビア印刷は、この円単位切手から本格的に稼動し始めたと言えそうですが、それでもまだ試行錯誤の段階でした。そのため、版式（板グラビア版とグラビア輪転版）やスクリーン（線数や角度）が、各額面切手の印刷期間を通じてたびたび変更されており、その変化がそのままバラエティの多さに表れています。

■ 円単位切手の額面別バラエティ一覧

No.	額面	図案	印刷庁銘版	主なバラエティ
352	1円	前島密	○	額面数字位置によるタイプ違い、定常変種
353	2円	秋田犬		カラーマーク（暫定版・正規版）、定常変種
354	3円	ホトトギス		定常変種
355	4円	石山寺多宝塔	○	
356	5円	オシドリ		無目打、10円観音エンボス、定常変種
357	8円	カモシカ	○	４円塔エンボス、10円観音エンボス、定常変種
358	10円	観音菩薩像		10円観音エンボス
359	14円	姫路城		
360	20円	中尊寺金色堂		定常変種
361	24円	平等院鳳凰堂		
362	30円	平等院鳳凰堂		無目打
363	35円	金魚	○	定常変種
364	45円	東照宮陽明門		定常変種
365	50円	弥勒菩薩像	○	無目打、定常変種
366	55円	マリモ		定常変種
367	75円	オオムラサキ		定常変種
368	100円	鵜飼		無目打
369	500円	やつ橋蒔絵		定常変種

※すべての額面で初期印刷と後期印刷による刷色違いがある。
なお、スクリーン線数、用紙、糊、目打型式の違いは割愛した。

■「印刷庁」銘版と「大蔵省」銘版

「印刷庁」銘版　　「大蔵省」銘版

１円前島密、４円多宝塔、８円カモシカ、35円金魚、50円弥勒菩薩にだけ存在する「印刷庁」銘版。高価なバラエティだが、入手するチャンスは十分にある。

また、円単位切手の時期には、銘版の変更がありました。1952年（昭和27）８月１日、切手の製造所が印刷庁から大蔵省印刷局に組織改正されて、以降に印刷された切手の銘版はすべて、「大蔵省印刷局製造」の銘版となりました。しかし、それまでに円単位切手は５種（１円、４円、８円、35円、50円）発行されていため、それらの額面には「印刷庁製造」の銘版が存在することになりました。

円単位切手に存在するバラエティについて、別表（前㌻）にまとめておきます。

…集めやすいバラエティ

さて、別表でご紹介した主なバラエティのうち、入手しやすいものをご紹介しましょう。まずは１円前島密のタイプ別バラエティです。

１円前島密には、昔から額面数字の“１”が下がった「低位置版（タイプII）」と呼ばれるバラエティがありました。その後、この「低位置版」が切手の印刷版（原乾版）を作るときに生じたバラエティだと分かり、４つのタイプが確認されました。いずれも印面の“１”の位置などに違いがあり、容易に分類することができます。

次に８円カモシカなどにあるエンボ

■ １円前島密タイプ分類のポイント

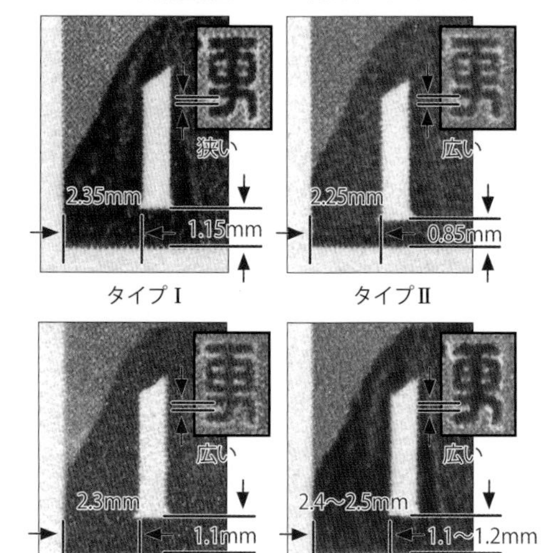

４種ある１円前島密のタイプ別バラエティは、印面左下の額面数字の位置、その上の“便”の文字の特徴で判別することが可能。タイプⅠを「前期高位置版」、タイプⅡを「低位置版」、タイプⅢを「中期高位置版」、タイプⅣを「後期高位置版」と呼ぶ。

■ ８円カモシカのエンボス２種

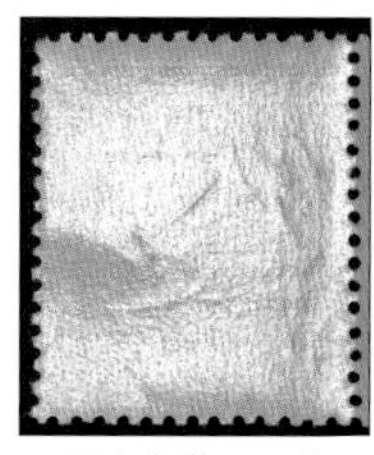

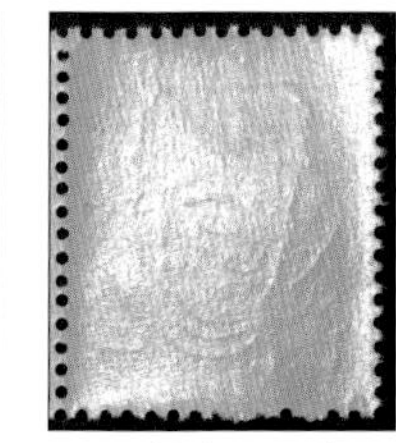

＊切手裏面の光照射撮影

４円多宝塔エンボス　　10円観音エンボス

いずれも印刷時に用紙送りのローラーとして、４円多宝塔または10円観音の印刷版を使用したため、インクのついていない状態で、用紙に空押し状態となったもの。多宝塔エンボスはうすいものが多いが、観音エンボスは明瞭なものが多い。この他、５円オシドリや10円観音切手自体にも、観音エンボスが報告されている。

ス切手です。エンボスとは、用紙に印刷版の印面がインクのない状態で押し付けられたバラエティで、円単位切手では５円オシドリや８円カモシカ、10円観音菩薩像などにみられます。これは切手印刷時に紙送りのローラーとして、凸版印刷の４円多宝塔、10円観音の印刷版を使用したために生まれたと考えられています。いずれも切手の裏糊の部分に、４円多宝塔、10円観音の図柄が写っています。

また、２円秋田犬には円単位切手唯一のカラーマーク付き切手があります。この切手のカラーマークには暫定版と正規版があり、前者は刷色がうすいので容易に区別がつきますが、正規版に比べて数が少ないことでも知られています。

■ ２円秋田犬のカラーマーク

暫定版

正規版（250線）

正規版（230線）

…定常変種が楽しめるシリーズ

円単位切手が日本最初の本格的なグラビア印刷切手シリーズで、バラエティが多いことはご紹介したとおりですが、「定常変種」の多さもこのシリーズの面白さのひとつでしょう。すべてのグラビア印刷切手に定常変種の存在が確認されています。特に５円オシドリは定常変種の宝庫で、『普専』掲載のものだけでも14種、未掲載のもの、コイル切手や切手帳ペーンも含めれば、この切手だけでコレクションが作れるほどです。

ただ、定常変種を見つけるのは面倒と考える人も多いと思います。100面シートの中から見つけるならともかく、単片切手から見つけることは、非常に手間もかかりますし、根気も必要です。

しかし、たくさんの切手の中から定常変種を見つけた時の喜びは、面倒な作業の疲れを吹き飛ばしてくれると思います。各額面切手で見つかっている主な定常変種は、『普専』に掲載されています。ぜひ一度、手持ちの切手を調べてみてはいかがでしょうか。

■ ５円オシドリの定常変種から

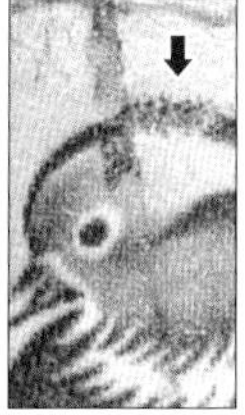
カールドヘア
（70番）

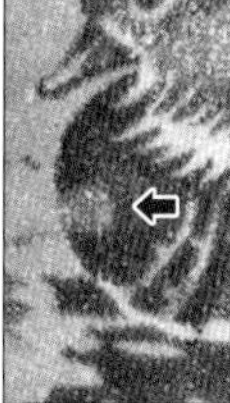
胸部白抜
（25番）

ツインスター
（36番）

リーフ紹介

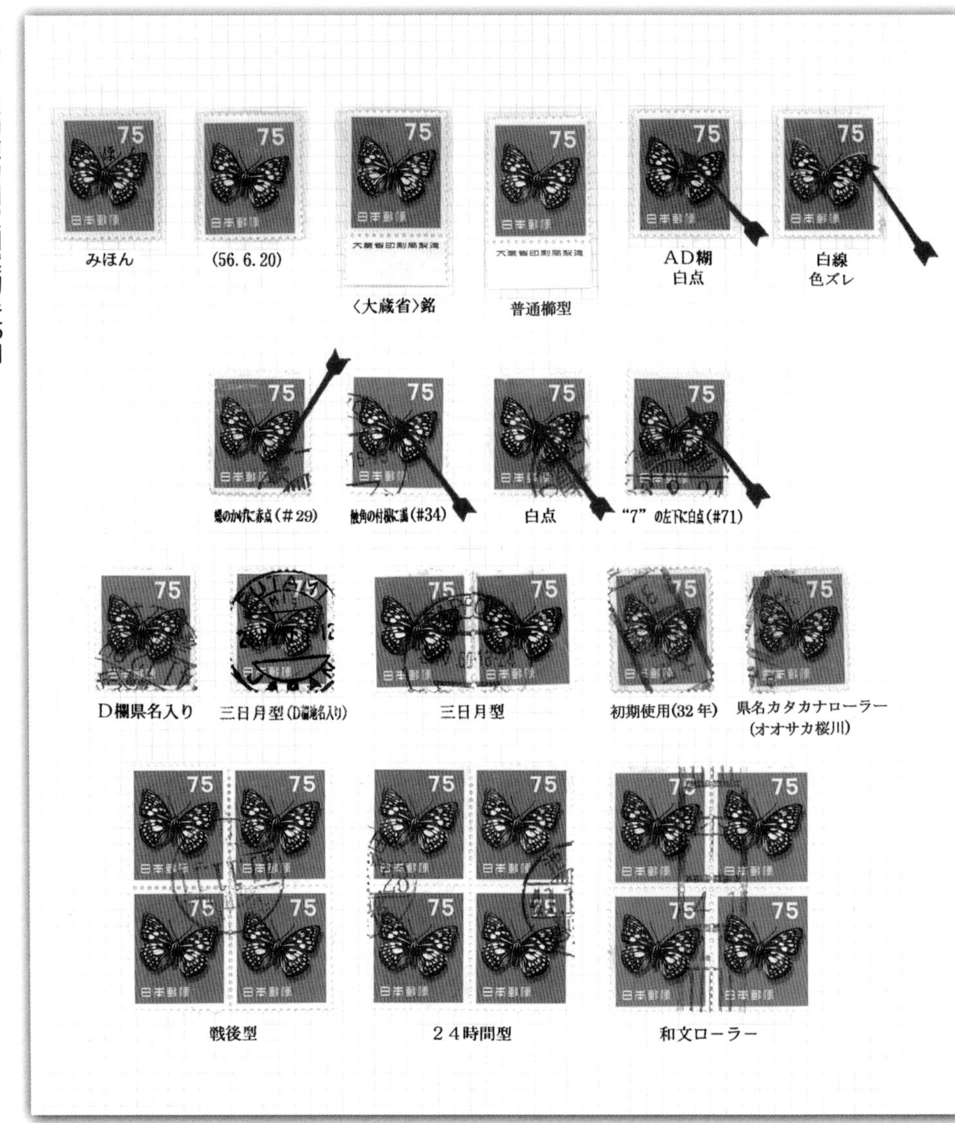

国蝶・オオムラサキの未使用と消印、定常変種をまとめたリーフ。「普通櫛型」は単片でなく、銘版つき10枚ブロックで、また定常変種も使用済単片でなく、位置が分かるような未使用ブロックで集めたいところです。発行年の31年使用のものも欠けています。課題の多いリーフですが、このようにリーフにまとめてみると、不足しているものが良く分かります。

第２次動植物国宝図案切手　－消印－

使用済切手の楽しみ方

「第２次動植物国宝図案切手」は長期間使用された切手が多く、使用済切手は一部の額面を除き、豊富に残されています。また、使用済は切手の製造面を理解するための手掛かりになることもあります。そこでこの項目は、使用済切手を使った「第２次動植物国宝図案切手」の楽しみ方をご紹介します。

…初期使用収集のススメ

「第２次動植物国宝図案切手」（以下、円単位切手）の使用済収集で、まずご紹介したいのは“初期使用”収集です。“初期使用”といえば発行後１年以内と言う人もいれば、１ヵ月以内とする人もいますが、特に定義はありません。私がお勧めしているのは、「発行年」収集です。

初期使用収集になぜこだわるのかといいますと、「初期使用の使用済＝初期印刷切手」であるからです。円単位切手は前項でも紹介した通り、グラビア印刷を本格的に普通切手へ導入した最初のシリーズです。そのため、ほとんどの額面切手で、発行当時の初期印刷とグラビア印刷の品質が安定した後期印刷とでは、用紙や刷色などに肉眼でも分かる違いがあります。『普専』でもこのシリーズの初期印刷は、多くが製造バラエティとして分類されています。

しかし、肉眼で分かるといっても、慣れないうちは見つけるのが難しいでしょう。そこで、年号だけでもその切手の発行年だと分かる使用済切手が、初期印刷

■ 第２次動植物国宝図案の“初期使用”

１円前島密

住吉 昭和27.10.30
(発行日27.8.11)

８円カモシカ

阿倍野 昭和27.10.23
(発行日27.8.1)

35円金魚

札幌 昭和27.10.15
(発行日27.5.10)

50円弥勒菩薩

東京中(央) 昭和27.10.－
(発行日27.6.20)

10円観音菩薩像

名古屋東 昭和28・8・12
(発行日：昭和28・7・10)

このシリーズの初期印刷は、後期印刷の切手とは刷色などに肉眼でも分かる違いがあり、未使用切手で初期印刷切手を探す手掛かりにもなる。

切手を見分ける手掛かりとなります。初期印刷など製造面に関するバラエティは本来、未使用切手で揃えることが基本だと思いますが、その第一歩として初期使用を入手して、用紙や刷色といった感触を覚えてもらえればと思います。

…豊富な消印バラエティ

さて、普通切手の使用済収集といえば、どのシリーズでも消印収集が醍醐味といえます。もちろん、円単位切手も例外ではありません。『普専』の消印評価では、代表的な９種類の消印しかリストアップされていません。しかし、１次円単位切手が使われていた時期は各種消印の過渡期にあたるので、さまざまな消印バラエティが存在するのです。下表にそのバラエティをまとめてみましたので、参考にしてみてください。

■第２次動植物国宝図案切手にみられる消印バラエティ一覧

国内用（和文）	櫛型	戦後型	D欄都道府県名
			分室（A欄またはD欄に分室名）
			C欄三星
			局名バー入り（九州管内のみ）
		24時間型（昭和40年５月以降）	
		鉄郵印（青函・船内郵便を含む）	
		年賀印	図入り年賀（昭和31年まで）
			C欄年賀（昭和33年以降）
	機械	和文（唐草印）	戦後型
			24時間型（昭和40年以降）
		和欧文（昭和43年以降）	
	ローラー印		局名縦書（広島郵政管内のみ）
			県名カタカナ（東北・近畿のみ）
外国用（欧文）	三日月印		２時間刻み
			24時間型（1957年以降）
	ローラー印		年号４ケタ
			年号２ケタ（1964年以降）
	欧文櫛型印		欧文櫛型（1952年まで）
			欧文櫛型（非郵便用事務印）
	欧文機械印		欧文機械印

■ 和文印のバラエティ

【櫛型印 戦後型】

D欄都道府県名　D欄分室名

C欄三星　局名バー入り

【和文機械印（唐草印）】

戦後型　24時間型

櫛型印戦後型の局名バー入りは九州管内の普通局で、図の「博ー多」のような漢字２文字の局にみられる。また、C欄三星は非郵便の事務印だが、料金別納原符などに押されたものが、多くはないが残されている。

その消印収集で面白いのは、和文ローラー印と欧文印だと思います。

まず和文ローラー印ですが、広島郵政局（後の中国郵政局）管内で使用された局名縦書ローラー印があります。このローラー印は戦前に使われていたものですが、広島郵政局管内では戦後のこの時期まで使用されていました。また、円単位切手との組み合わせでは、東北と近畿郵政局管内の特定局で使用された、県名カタカナローラー印もあります。局名表示にカタカナの県名が入れられており、この消印だけを集める収集家がいるほど人気があります。

…欧文印が面白い

一方、欧文印は仕様変更時期にあたるため、多くのバラエティが楽しめます。円単位切手に押された欧文印は欧文三日月印、欧文ローラー印が基本ですが、欧文三日月印の使用が開始されたのは、円単位切手の発行が始まった1952年（昭和27）なので、それまで使用されていた欧文櫛型印が少ないながらもあります。ただし、欧文櫛型印には月表示がローマ数字のものもあり、これは外国郵便の交換局で使用された非郵便印です（郵便物ではなく、専用伝票に郵便料金分の切手を貼って消印を押したもの）。

この時期の欧文印バラエティといえば、欧文機械印は外せない存在です。1955年（昭和30）に東京中央局羽田分室や大阪中央局空港分室に配備されたもので、いくつかの仕様変更を経て、1969年（昭和44）頃まで使用されました。円単位切手では５円オシドリに押されたものを比較的見かけます。チャンスがあればぜひ入手されることをお勧めします。

【和文ローラー印】

局名縦書（岩国）

県名カタカナ（ナラ西大寺）

ローラー印の局名・年月日が読めるには、単片よりもペアの方が望ましい。

■欧文印のバラエティ

【欧文三日月印】

２時間刻み

三日月印の時刻表示は当初９回更埴の２時間刻み。1957年(昭和32)からは４回更埴の24時間型も登場した。

24時間型

【その他の欧文印】

欧文櫛型印

欧文機械印

左の欧文櫛型印は神戸中央局の非郵便用のものだが、郵便にも使用されたことが知られている。

第２次動植物国宝図案切手　－使用例－

使用例収集のポイントは外信便

未使用切手、使用済切手と「第２次動植物国宝図案切手」の収集のポイントをご紹介してきましたが、このシリーズの面白さは使用例収集にもあります。発行から10年以上使われた額面が多いことから、料金改正のたびにそれぞれの用途が変更され、多様な使用例バラエティが集めることができるからです。ここではそんな使用例収集のポイントをご紹介します。

■ 第２次動植物国宝図案切手の外信航空便使用例

◀35円金魚２枚貼外信航空便第３地帯宛書状　NISHINOMIYA 1954.XI.25

35円金魚は発行当初から外国宛航空便料金に適応するものが多かった。また、２枚貼で70円料金にも適応したため、多様な外信使用例を楽しめる。

▼55円マリモ単貼外信航空便第３地帯宛業務用書類　SHIBA 1963.VII.25

1959年４月１日に新設された外国宛航空便の業務用書類の使用例。商用・業務用に限り、文書を書状料金より安い料金で差し出すことができた。

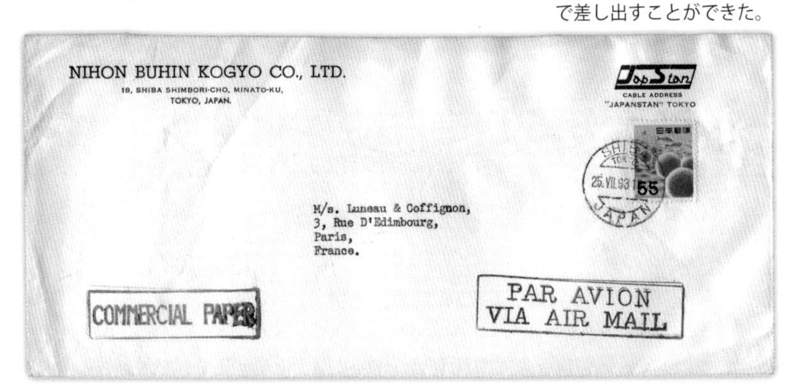

■ 第２次動植物国宝図案切手発行時期の外国宛航空便料金（書状・はがき・印刷物）変遷一覧

料金開始日	書状（10gまでごと）					はがき				
1953(昭和28).7.1～	第1地帯	第2地帯	第3地帯	第4地帯	第5地帯	第1地帯	第2地帯	第3地帯	第4地帯	第5地帯
	35円	50円	70円	115円	145円	30円	35円	40円	60円	75円
1959(昭和34).4.1～	第１地帯	第２地帯	第３地帯			第１地帯	第２地帯	第３地帯		
	40円	75円	115円			35円	40円	60円		
1961(昭和36).10.1～	50円	80円	100円			30円	40円	50円		

●…外信便使用例が面白い

「第２次動植物国宝図案切手」(以下、円単位切手)が発行されていた時期、国内郵便では基本料金である第１種書状(10円)とはがき(５円)の料金改正はありませんでした。そのため、使用例はバラエティに乏しいと思われそうですが、実は改正されなかったのが書状とはがきくらいというだけで、その他の料金は郵便制度の変更も含め、数多く改正されています。したがって額面ごとの使用例バラエティも多様で、中でも面白いのが外信便使用例でしょう。

円単位切手の外信便使用例というと、14円姫路城の単貼船便はがき、24円または30円平等院の単貼船便書状といった、船便単貼使用例を連想され、難しいと思われるかも知れません。しかし、円単位切手時代の外信便は船便ばかりでなく、航空便の利用頻度も多くなっていました。料金も３度改正され(下表参照)、１枚貼だけでなく、さまざまな額面の貼り合わせも楽しめます。また、1959年(昭和34) ４月１日からは「商品見本」、「業務用書類」といった商用郵便物にも、航空便が適用されることとなり、その使用例も収集のポイントとなります。

こうした外信航空便の使用例は、比較的豊富に残されていますし、最近はネット・オークションの普及によって、入手も容易になっていますので、気軽に楽しめると思います。

印刷物（20gまでごと）				
第1地帯	第2地帯	第3地帯	第4地帯	第5地帯
25円	30円	35円	70円	80円

第1地帯	第2地帯	第3地帯
25円	30円	60円
30円	40円	50円

●…国内便使用例収集のポイント

１円前島の単貼使用例は、この円単位が最後となります。この後、1961年(昭和36) ６月１日の郵便料金改正では、第４種の盲人用点字は無料になり、第三種「日刊新聞など」は２円に値上げされます。

30円平等院単貼の私製速達はがきは適用期間2年余りで、現存数が多くありません。35円金魚単貼のはがきも余り見かけません。この頃から私製・速達はがきそのものを差し出すことが少なくなったのかもしれません。

■ １円前島の使用例

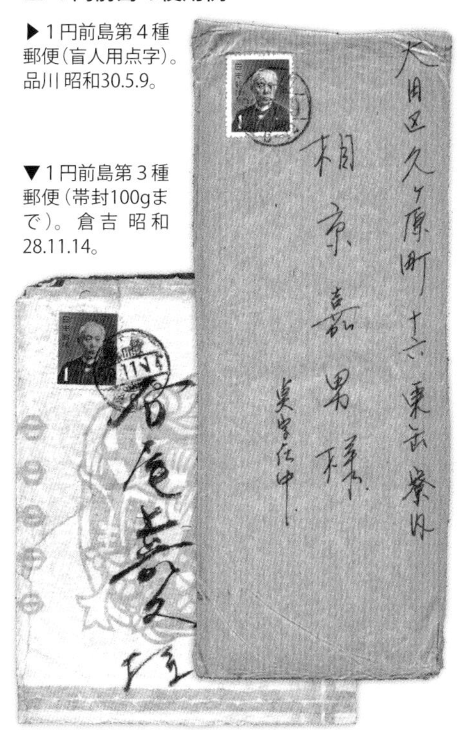

▶１円前島第４種郵便(盲人用点字)。品川 昭和30.5.9。

▼１円前島第３種郵便(帯封100gまで)。倉吉 昭和28.11.14。

■ **図入り年賀印の使用例バラエティ**

篠山 昭和30.1.1（第１種書状）

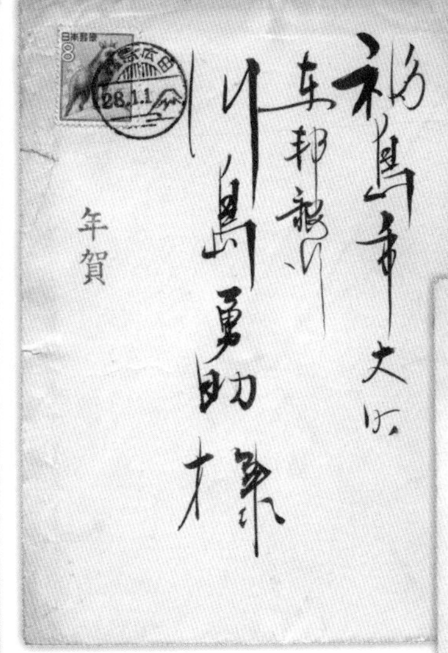

福島・広田
昭和28.1.1(第５種便)

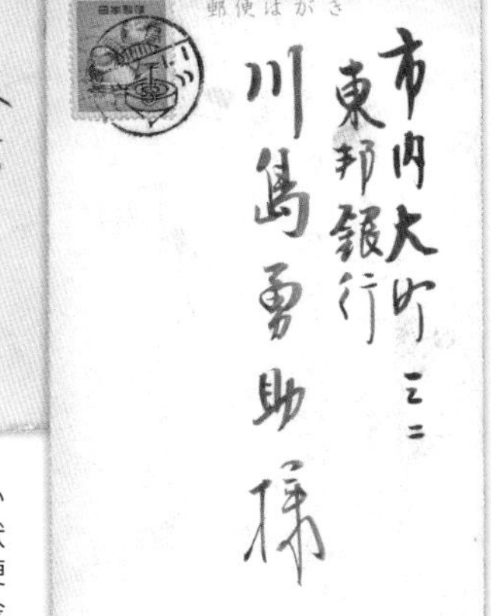

福島 昭和31.1.1

図入り年賀印との組み合わせが少ない３額面の使用例。当時は第１種書状（10円）や第５種（８円）でも年賀郵便として差し出せた。なお、はがき料金５円時代は年賀はがきに限り、４円で差し出せたが、５円切手を貼った私製はがきも見られる。

●…図入り年賀印使用例

最後に円単位切手ならではの使用例収集を紹介しましょう。それは「図入り年賀印」。図入り年賀印は1950年（昭和25）から1956年（昭和31）まで、７年間使用された年賀印で、円単位切手には1953年（昭和28）から４年間使われました。

４円多宝塔貼の私製年賀はがきに、図入り年賀印が押された使用例を見かけますが、これは年賀はがきに限って、１円安い４円で差し出せたためです。ぜひ即売会などで探してみてください。

一方、年賀はがきが１円安いことに気付かず、５円切手を貼った図入り年賀印消しの私製年賀はがきもたまに見かけます。そのうち、1956年（昭和31）消しのものに、前年９月10日発行の５円オシドリを貼ったものが、多くはありませんが見られます。また、当時は書状や第５種便も年賀取扱いで差し出せましたので、８円カモシカや10円観音貼の封書に図入り年賀印が押印された使用例も残されています。（なお、昭和37年の最後の年賀封書は、本書の冒頭に掲載しました。）

いずれも非常に少ない使用例ですが、ありふれた使用例が多い各切手の変わったマテリアルとして、ぜひ入手にチャレンジしてみてください。

第３次動植物国宝図案切手　ー製造面ー

目打型式がおもしろい

1961年（昭和36）～65年（昭和40）にかけて発行された第３次動植物国宝図案切手は、図案が変更され、印刷方式もすべてグラビアになりました。そのため、グラビアに対応した目打型式がこの時期、「逆二連１」のほか、いろいろと試されています。ここではその目打型式に注目してみましょう。

■ 10円ソメイヨシノ 目打型式「逆二連１」の意味

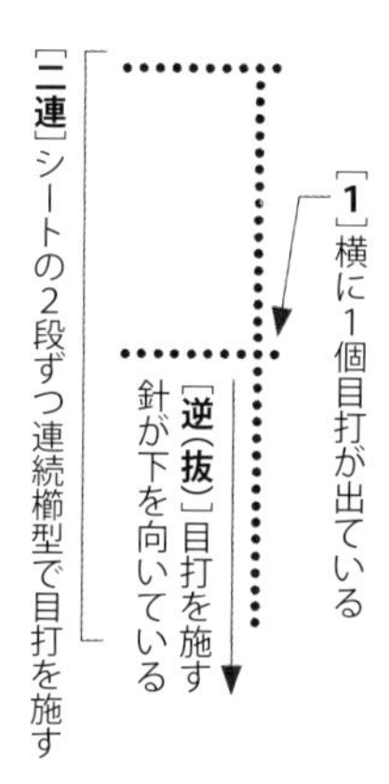

＊銘版つき10枚ブロックは80％縮小

●…グラビア印刷の全面導入

第３次動植物国宝図案切手（以下、図案変更切手と呼称）は、1961年（昭和36）～65年（昭和40）にかけて発行された10種。コイル切手、切手帳を入れると14種になるシリーズです。発行は1961年（昭和36）６月１日の郵便料金の改定によるものでした。

書状10円とはがき５円料金は変わりませんでしたが、10円の普通切手は銭単位のものを含めると、観音菩薩図案が10年間も続いていたため、この図案変更切手からソメイヨシノに変わりました。

図案が変更になった背景には、印刷方式の変更があります。第２次動植物国宝図案切手では、４円（多宝塔）、10円（観音菩薩像）の２額面が凸版印刷でしたが、図案変更切手では、この２額面を含め、すべてがグラビア印刷になりました。そのため、グラビア印刷に対応する目打型式が、いろいろと試みられ、シリーズ全体では14種類もあります。このうち、書状料金として大量に印刷された10円には、10種類の目打型式が存在します。

●…たとえば、「逆二連１」とは？

目打型式というと、聞いただけで最初

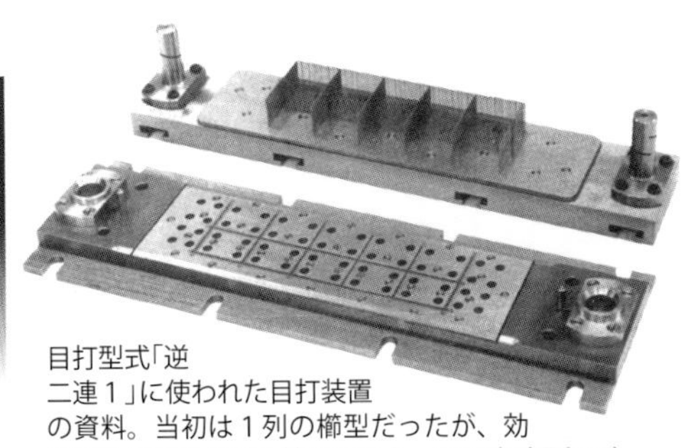

目打型式「逆二連１」に使われた目打装置の資料。当初は１列の櫛型だったが、効率面や目打針の耐久性の面から、1959年（昭和34）に２列の櫛型が登場した。＊別冊日本切手名鑑「動植物国宝図案」（日本郵趣出版・1991年刊）より

から敬遠される方も多いかと思います。しかし、基本的知識さえ身に付けておけば、容易に判別できて、それだけ収集の幅が広がり、面白さを味わえます。

たとえば、10円で最も一般的なものに、「逆二連１」（ぎゃくにれん）という目打型式があります。これは、「逆抜二段の連続櫛型目打で、横に１個目打が出ている」という意味です。「逆抜」（ぎゃくぬけ）とは、目打を施す針が下を向いているものを指し（前ページ参照）、上を向いているものは「正抜」（せいぬけ）と呼びます。

目打作業を効率的にするため、それまでは１段ずつの目打を、２段ずつで行いました。このほか、４段ずつ行う方法や、シート全部の目打を１度に行う方法（全型）も試されました。また目打針は両側に負荷がかかりやすいので、１つまたは２つ余分に横に目打をする場合があります。

このような目打型式は、シートや大きなブロックでないと判別がつかないものもあり、反対に単片でも判別できるものもありますが、一般的には銘版つき10枚ブロックで分類されています。銘版つき10枚ですとアルバムリーフに貼った場合、納まりが良いからかもしれません。

…ひと目で分かる目打から

目打型式を見分けるためには、一連の目打の中にわずかな変化を見つける作業が欠かせません。10円「逆二連１」では、目打の継ぎ目部分のずれによって、目打型式が判別できます。

逆二連１の目打継ぎ目の部分（矢印）。目打の間隔が狭くなっている。

＊150％拡大

これも慣れれば、ルーペを使わなくても容易に見つけることができますが、最初からというわけにはいきません。そこで初めのうちは、シート右下の切手（100番切手）の目打がどのようになっているかを見てみましょう。

右側に目打が１つ抜けている／２つ抜けている／まったく抜けていない／下部に目打が６つ抜けている／７つ抜けている／右、下それぞれに１つ抜けている－など、ひと目見て目打のバラエティが分かるものから収集するのも、ひとつの方法です。

10円の目打型式の多くは比較的容易に集めることができますが、初期発行のものはなかなか入手が難しいかもしれません。しかし、目打の違いを見分ける力をつけておけば、必ず入手のチャンスが訪れるものと思います。

＊目打型式については、『日本切手専門カタログ（日専）戦後編 2010-11』（日本郵趣協会刊）の巻末資料もご参照ください。

●…"超珍品"の目打型式も

ここでは、目打のバラエティが多い10円を取り上げましたが、他の額面も目打型式が楽しめます。４円（ベニオキナエビス）の場合は、2002年（平成14）８月まで39年間も製造されていたため、最近の目打型式である「ロータリー連続型タイプ」まで存在します。

また、30円（円覚寺舎利殿）を例に取ると、10円にとってそれほど珍しくない「普通全型」目打ですが、30円となるとカタログ評価が非常に高く付けられている珍品です。

ちなみに、10円ソメイヨシノには１色もれの偶発エラーがあります。10円ソメイヨシノは２色刷ですが、これは灰味紫が印刷漏れとなっています。

10円ソメイヨシノ、１色もれのエラー。

■ひと目で分かる目打のバラエティ

▲10円ソメイヨシノ 目打型式「普通全型」

「普通全型」の100番切手。上下左右に１つずつ余分に目打が施されている。

▲10円ソメイヨシノ 目打型式「逆抜櫛型」

「逆抜櫛型」の100番切手。左右に余分な目打が施されていない。

＊銘版つき10枚ブロックは80%縮小　100番切手は原寸

第３次動植物国宝図案切手　―製造面―

低額３種のさまざまなバラエティ

第３次動植物国宝図案切手は、その低額３種（４円・６円・10円）に多様な製造面のバラエティがあります。価格もあまり高くなく、比較的容易に集められる分野。目標を定めて、あなたもチャレンジしてみませんか？

■ 10円ソメイヨシノの定常変種

花びらに虫食い

花びらに赤ボタ

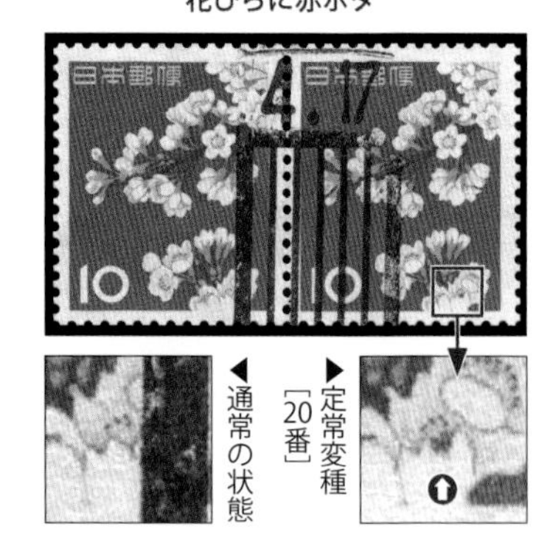

…グラビア印刷の定常変種

前項でも触れましたが、第３次動植物国宝図案切手（以下、図案変更切手と呼称）は、すべての切手がグラビア方式で印刷されました。

グラビア印刷は高速で大量印刷できるのが特徴ですが、印刷する過程で往々にして版欠点（定常変種）の生じることが少なくありません。さらに、切手を大量に印刷する場合には、いくつかの原乾版、実用版を作りますので、それだけ定常変種の出現する可能性が高くなります。

とくに10円ソメイヨシノは定常変種が多く、それだけを研究している人もいるほどです。『普専』には６つの定常変種が掲載されていますが、実際は相当数があり、これからも新しいものが見つかる可能性があります。

…定常変種という“妙薬”

定常変種の収集については、抵抗を感じる人が多いかもしれません。そんな印面の細かい変種を見つけて何が面白いのか…と。私は、定常変種の収集は切手収集を面白くする“妙薬”ではないか、と思っています。切手そのものをじっくり見る「切手収集の基本」がそこにあり、その結果、定常変種が見つかれば、この上ない喜びを感じられるからです。たとえば、定常変種を単片で見つけた場合、「100面シートの何番目にある切手だ」な

■ ４円ベニオキナエビスの定常変種

“日”が“白”

貝の涙

■ ６円ナンテンの定常変種

本郵の下に模様

右端中央に赤点

どと分かるのは、驚異的なこととさえ思えます。

しかし、定常変種にはさまざまなものがあります。ルーペでなければ判別できないごくごく小さなものもありますが、専門収集でない限り、私は“肉眼で一目で分かるもの”に限定すべきだと考えています。そういう意味では、以前から知られている代表的な定常変種、10円ソメイヨシノでは「花びらに虫食い」(シートの33番切手) や「花びらに赤ボタ」(20番切手)などで充分だと思います。

この10円を含めて、図案変更切手の定常変種は低額面に多いため、価格もあまり高くありませんので、比較的容易に集められそうです。

４円ベニオキナエビスの場合は、「“日”が“白”」になった定常変種(99番切手)と「貝の涙」(100番切手)があります。６円ナンテンには、「本郵の下に模様」(99番切手)と「右端中央に赤点」(９番切手)の定常変種があります。

また、10円ソメイヨシノを４枚組み合わせた切手帳ペーン(＃BP30)にも100面シートと同じ「花びらに赤ボタ」(４番切手)の定常変種があります。

『普専』の図版はモノクロですので、定常変種が少し分かりづらいかも知れませんが、実物を見ると一目で分かります。ぜひ、定常変種を探してみてください。

…楽しみの多い４円切手

製造面でもう１つ触れなくてはならないのは、４円の「版違い」です。版違いには、「第１版」と「第２版」があります。違いは印面枠から料額数字までの寸法ですが、0.2ミリ程度の差異ですので、分かりづらいかも知れません。しかし倍率の高いルーペでなく、普通の定規でもその差異は見分けることができるはずです。この「第１版」と「第２版」の版違いは、10円切手にも存在します。

■ ４円ベニオキナエビスの第１版と第２版の違い

４円切手は2003年９月まで40年余りの長期間、販売されました。そのため、他の切手では見られないバラエティが存在します。１つはカラーマーク、もう１つは銘版です。

カラーマークは暫定版と正規版があり、カラーマークの色が淡色なものが暫定版ですので、容易に見分けがつきます。少し専門的になりますが、正規版にはスクリーン線数が230線と250線があり、さらに230線のものにはとじ穴があるものと、ないものがありますので、これらを合わせると４円カラーマークは４種に分類されます。

なお、４円切手の銘版は、図案変更切手のなかで唯一、「大蔵省」銘と「財務省」銘の２種類があります。

＊

このように多くの収集の楽しみを持つ図案変更切手。あなたも収集の目標を定めて、チャレンジしてみてはいかがでしょうか？

■ ４円ベニオキナエビス　カラーマークの変遷と銘版

第３次動植物国宝図案切手　－使用例－

使用例は根気よく探す

製造面に多様なバラエティを持つ第３次動植物国宝図案切手も、初期の使用例ということになると、意外に難しいシリーズです。そこで、初期使用だけでなく、後期使用も含めたエンタイアを国内便、外国便で紹介します。

…料金を引き継ぐシリーズ

戦後普通切手の多くのシリーズは、郵便料金の改定に合わせて発行されましたが、第３次動植物国宝図案切手（以下、図案変更切手と呼称）は、前のシリーズの料金を引き継いで発行されたものが多くありました。そのため、前のシリーズと重複する額面は、書状料金の10円を除いて初期使用が少なくなっています。

たとえば、通信教育用として発行された４円ベニオキナエビスは、多宝塔４円が長く使われていたことから、該当の使用例を見つけるのが難しくなります。むしろこの切手は、年賀はがきに多く使われました（❶）。当時、はがき料金は５円でしたが、年賀状として一定期間内（12月15日～１月10日）に差し出す場合は４円で済みました。それで、私製の年賀状に数多く使われています。この制度は1966年（昭和41）までで、この４円切手が最後の使用となります。

一方、70円以上の"高額切手"も、発行当初は使用例がきわめて限定されているため、１枚貼エンタイアの収集は容易ではありません。ちなみに、当時の封書料金10円を今の84円として計算すると、当時の70円は今の588円にもなります。

…使用期間を広げて収集

次のシリーズ（新動植物国宝図案切手1966年シリーズ）の発行が始まるまでの５年間を、図案変更切手の初期使用期間とすると、その期間のエンタイアはあまり集まらないでしょう。

そこで期間をもっと広げて、同じ額面の切手が発行されるまでとすると、収集

❶４円ベニオキナエビス・年賀はがき。低料扱い最終年の年賀はがき。徳島・橘 昭和41.1.1。

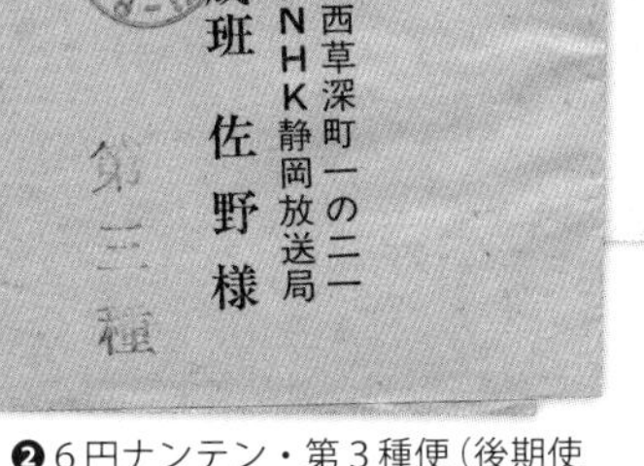

❷６円ナンテン・第３種便（後期使用）。第３種便低料用（月３回以上発行の印刷物）。御殿場 昭和50.12.23。

範囲はぐっと広くなります。以下、額面別に使用例を紹介してみましょう。『普専』の郵便種別の料金変遷表も参考になさってください。

６円ナンテンの初期使用は、文字通り“難点”です。第３種便の一般用（日刊新聞、官報等以外）として発行されましたが、現存するのは「後期使用」のものばかりです。しかし1971年（昭和46）からは第３種低料用（月３回以上発行の印刷物）と第４種通信教育として使われましたので、エンタイアの入手は比較的容易です（前㌻❷）。

30円円覚寺は発行１年前の1961年（昭和36）、速達料金が30円に値上げされていたため、発行当初から使われました。特にはがきへの加貼が多いようです（❸）。また、1961年（昭和36年）６月１日から第４種盲人用点字が無料になり、特殊なケースですが、30円１枚貼の盲人用点字・速達が存在します（❹）。

40円陽明門は書留用に発行されましたが、封書書留となると50円となり、円単位50円弥勒菩薩が使われたため、40円の使い道はもっぱら封書速達に限定されました。

70円以上の１枚貼はさらに後期使用になり、70円能面は1966年（昭和41）以降の書状重量便速達、80円ヤマドリは書状重量便書留、100円も要償額（紛失時の損害賠償額）によって１枚貼現金書留が存在します。

90円風神は次のシリーズで同額面、刷色変更のものが発行され、その前の使用例を入手したいものですが、なかなか材料がありません。

❸30円円覚寺・速達便。夢殿５円はがきに加貼した速達便。佐原 昭和38.12.19。

❹30円円覚寺・特殊な使用。第４種盲人用点字が無料になったため、速達料金だけの特殊な使用例。宮崎・山田 昭和39.10.3。

❺120円中尊寺迦陵頻伽・代金引換郵便。第５種重量便150gまで30円＋速達30円＋代金引換60円。世田谷北沢二・昭和38.9.25。

120円迦陵頻伽を貼ったエンタイアも余り多くありません。120円は当時としては高額だったため、書留や速達以外の特殊便（代金引換郵便など❺）にしか使われませんでした。

…10円多種貼で“遊ぶ”

10円ソメイヨシノは第１種書状に使われましたので、できるだけ初期の使用例を探したいものです。消印も櫛型印ではなく、機械印、鉄郵印など、ちょっと変わったものの方が面白味があります。また、10円の多数貼でいろいろ“遊ぶ”こともでき、５枚貼った速達があります（❻）。これは書状の重量便（10円×２）です。同じ５枚貼でも書留もあり、書留料金40円＋封書10円＝50円となります。

このように、図案変更切手の使用例収集は簡単なように思えて、なかなか材料を見つけるのが難しい、というのが実際です。使用期間を広げて根気よく探すことが、とくにこのシリーズには求められるようです。

…外国郵便の使用例

図案変更切手の高額面の外国郵便はそこそこ残されています。航空郵便は宛先地帯別によりますので、国名と郵便種別をつき合わせて、料金が適正かどうか調べる必要があります。

10円ソメイヨシノ単貼の船便印刷物は適正期間が僅か６か月しかありませんので入手に少し苦労するかもしれません。

■ 外国郵便の使用例から

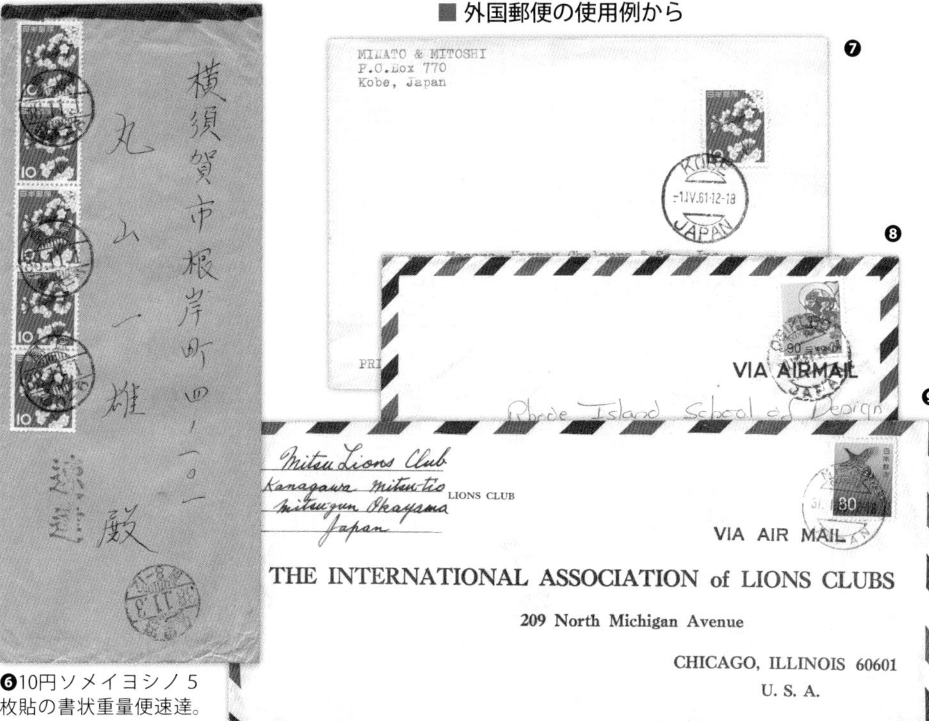

❻10円ソメイヨシノ５枚貼の書状重量便速達。書状の重量便（10円×２）と速達料金30円。島原 昭和38.11.1。

❼10円ソメイヨシノ。50gまで船便印刷物10円。KOBE 1961.IV.1 米国宛。❽90円雷神。第２地帯10gまで書状90円（1966.7.1 ～ 1972.7.1）。OGIKUBO(TOKYO) 1967.VII.30 米国宛。❾80円ヤマドリ。航空郵便書状 第２地帯10gまで80円。MITSU（OKAYAMA）1966.1.31米国宛。

リーフ紹介

■ 第３次動植物国宝図案切手90円の消印バラエティ

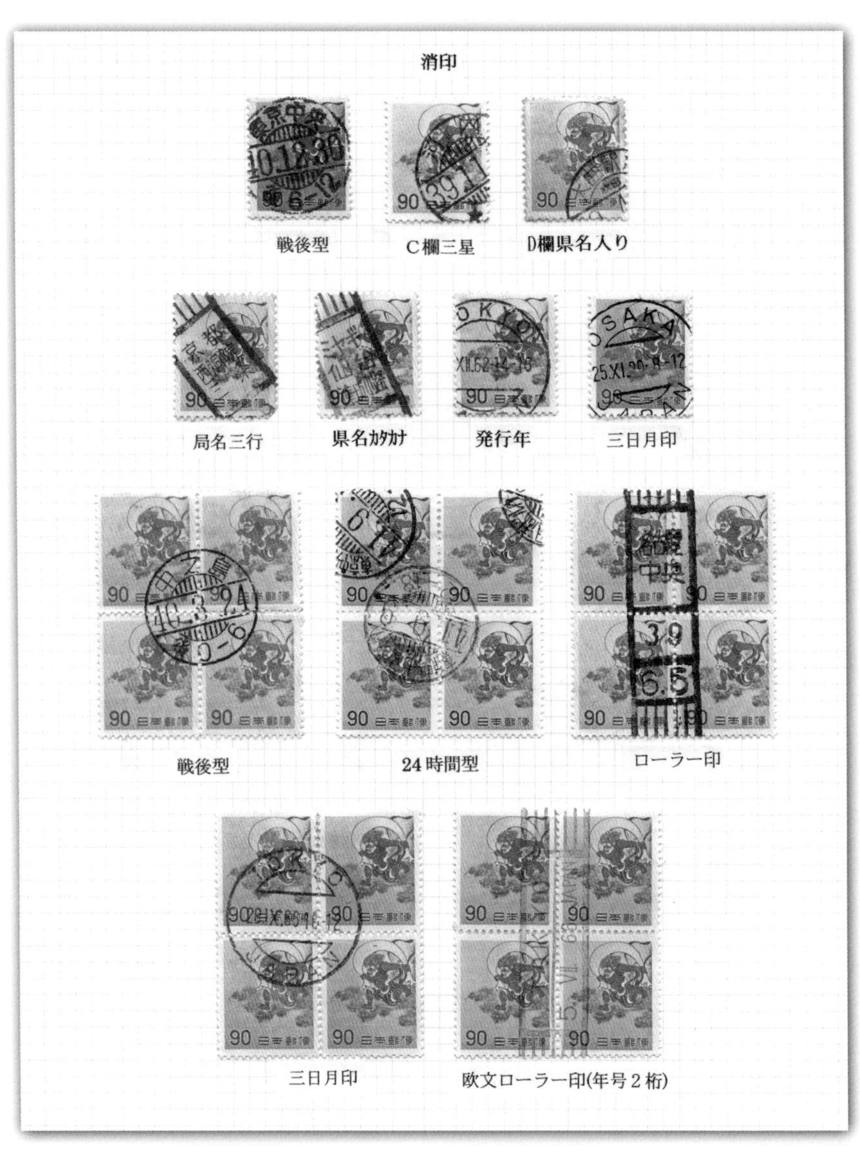

第３次動植物国宝図案切手 風神90円の消印のリーフです。発行時には適応する郵便がなく、４年後の郵便料金改正で書留や航空郵便として使われました。改正５か月後には改色した金色風神90円が発行されているため、適応期間内の消印は少ないようです。

田型が多いのは料金別納用に使われたためと思われます。

著者紹介

濱谷彰彦
(はまや あきひこ)

1942年 東京・品川生まれ。元NHKアナウンサー。日本切手をゼネラル収集。1978年から全国切手展に毎回テーマを変えて出品。2019年までJPSオークション担当、現在(公財)日本郵趣協会評議員。

おわりに

私はこれまで100回近く全国切手展に出品していますが、賞はいつも銅賞か銀銅賞、良くて銀賞止まりです。そんな作品を見たある人から「濱谷さんの作品は本当に切手収集を楽しんでいるのが良く分かります」と言われたことがありました。切手収集をはじめて60年以上になりますが、切手収集は"最高に楽しい趣味"だと思っています。こうした楽しい趣味をどのようにしたら伝えることができるだろうか、そう模索しながらこの本を書きました。

なお、この本では「手彫切手」は省いています。「手彫切手」はカタログコレクションとしてはある程度まで揃えることができますが、それ以上になると、極めて高度な知識・資金を必要とし、一般的でないと思ったからです。また紙面の関係で現行切手(新動植物国宝図案以降)も割愛しました。私も現行切手を収集していますが、膨大な量で、スクリーンの方向や線数など現行切手独自な分類方法があるからです。

＊

この本に使った図版は全て私の所持品です。いつの日か私のコレクションをまとめたものを印刷物にしたいと思っていましたが、今回、こうした形で発表することができたことは、望外の喜びです。

本書は(公財)日本郵趣協会機関誌『郵趣』において、2010〜2013年に連載した「日本切手カタログコレクションからの第一歩」に加筆、訂正を施し、多くの新図版を加えたものです。

[裏表紙の解説] 普通切手の目打型式は永らく普通櫛型、普通全型が中心でしたが、動植物国宝図案切手以降、グラビア印刷が多くなると、連続型系(逆二連1型、正二連1型など)と下抜全型、逆抜櫛型など多様な目打が登場するようになりました。詳しくは149ページ参照。

日本普通切手収集ガイドブック
『さくら』から『普専(ふせん)』へ

2020年1月25日　第1版第1刷発行

発　行　株式会社 日本郵趣出版
発売元　株式会社 郵趣サービス社
〒168-8081 東京都杉並区上高井戸3-1-9
電話 03-3304-0111(代表)
FAX 03-3304-1770
http://www.stamaga.net/
制　作　株式会社 日本郵趣出版
編　集　平林健史
ブックデザイン　三浦久美子
印刷・製本　シナノ印刷株式会社

令和元年12月4日 郵模第2842号

ISBN978-4-88963-838-7
＊本書内のデータは2019年11月末現在のものです。

■このカタログについてのご連絡先
本書の販売については…〒168-8081(専用郵便番号)
(株)郵趣サービス社　業務部　業務1課
TEL. 03-3304-0111　FAX. 03-3304-5318
[ご注文]http://www.stamaga.net/
[お問い合わせ]email@yushu.co.jp

内容については…〒171-0031 東京都豊島区目白1-4-23
(株)日本郵趣出版　カタログ書籍編集部
TEL. 03-5951-3416　FAX. 03-5951-3327
Eメール jpp@yushu.or.jp
＊個別のお返事が差し上げられない場合もあります。
ご了承ください。